永不失败的面包烘焙教科书

〔日〕梶原庆春 浅田和宏 著

许月萌 译

河南科学技术出版社

·郑州·

目　　录

本书规则及使用方法

- 本书介绍的面包,均是在室温20~25℃、相对湿度50%~70%的环境下制作的。
- 面包材料配比,是指将纯面粉的分量定为100%,除此之外的材料的分量相对面粉所占的比重。详细解释请参考Q71(P149)。
- 本书的配方所规定的材料用量适用于家庭。
- 砂糖的使用:如无明确标记,请使用小颗粒状糖。
- 黄油:请使用无盐黄油(不用食盐)。
- 鸡蛋:请使用中等大小的鸡蛋。
- 扑面:请使用高筋粉。
- 基础醒发、中间醒发、最后醒发(醒发器醒发)有不同标准,请根据面团状态调整。
- 本书中,为了促使面包醒发,把控水箱当作醒发器使用了。当然你们也可以想其他办法,用其他工具促进面包醒发。详情请参考Q58(P145)。
- 请按照事先指定的温度预热烤箱。
- 建议按照一个烤盘的摆放容量准备面包材料。如果面团过多、一个烤盘放不下,可以分两次烘焙。
- 烘焙面包的出炉效果会因烤箱不同而有一定差异。建议尽量参考本书中的照片,大致按照制作方法里要求的时间调整温度。

第一章   第二章

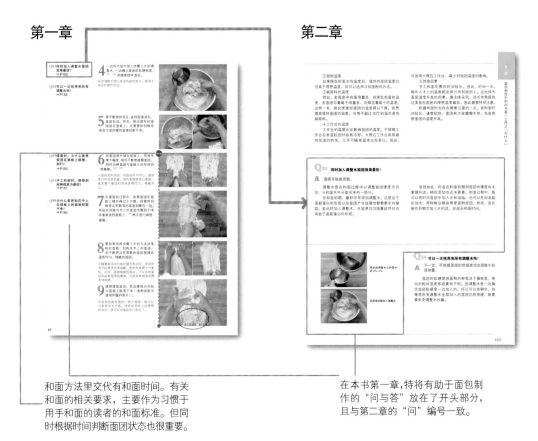

和面方法里交代有和面时间。有关和面的相关要求,主要作为习惯于用手和面的读者的和面标准。但同时根据时间判断面团状态也很重要。

在本书第一章,特将有助于面包制作的"问与答"放在了开头部分,且与第二章的"问"编号一致。

面包原料

无论做哪种面包,面粉、酵母、盐、水都是必需的。其他配料要根据需要适当准备。至于混搭材料和装点材料,只对本书中出现过的做了介绍。具体请根据个人喜好、想要的效果准备材料。

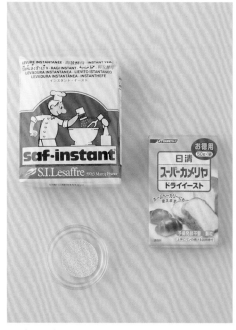

面粉　高筋粉（上）、法式面包用粉（下）

面粉有高筋粉和低筋粉等种类之分,但做面包一般使用高筋粉。糕点材料店里有各种各样的、国内外各种品牌的面粉,如果做简单点的面包,单是面粉的味道就可以决定面包的风味。另外,高筋粉也可以当扑粉使用。法式面包用粉,也称为法式面包专用粉,是面粉生产商为制作好吃的法式面包专门研制的面粉。各个面粉生产商推出了各种品牌的法式面包用粉。

＊如想进一步了解面粉,请参阅 ➡P122

即发干酵母

即发干酵母是一种可以直接与面粉混合的、使用便利的颗粒状酵母,有时也称为干酵母,但原本干酵母是一种大的圆形颗粒状酵母,使用前是需要预备发酵的。选购时请确认包装上的使用方法,以免弄混。一旦开封,需要封闭冷藏保存,且尽快使用。

＊如想进一步了解酵母,请参阅 ➡P128

盐

做面包时,用市面上买的盐大致上没什么问题,但如果面团和好后还能看到盐粒,这样的粗盐不建议使用。另外,氯化钠含量极少的盐,添加了调味剂、维生素、钙等成分的盐可能会影响到面团,应避免使用。

＊如想进一步了解盐,请参阅➡P135

水

可以直接使用自来水,也可以使用矿泉水。但如果水的硬度过高,就不适合用来做面包了。

＊如想进一步了解水,请参阅➡P127

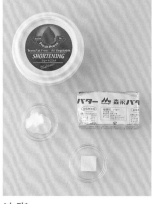

油脂　黄油（右）、起酥油（左）

做面包最常用到的油脂就是黄油和起酥油。黄油有它特有的风味,而起酥油则具有无味的特点。想给面包添加点风味时,就用黄油;不想添加香味的时候就用起酥油。但在碗、盆、蛋糕模具、烤盘上涂抹时,一般使用起酥油。

＊如想进一步了解油脂,请参阅➡P139

砂糖

做面包一般使用蔗糖，纯度高，甜味清淡爽口。照片上的是一种比一般蔗糖颗粒细、容易溶解的蔗糖。在糕点材料店就能买到，但用普通的蔗糖、绵白糖也没有问题。

＊如想进一步了解砂糖，请参阅➡P137

鸡蛋

不同尺寸的鸡蛋，其蛋黄和蛋白的比例是不一样的。就算是相同尺寸的鸡蛋，重量还是有微妙区别的。所以在做面包时，基本上以重量作为称量鸡蛋的标准。在本书中使用的是中等大小的鸡蛋。

＊如想进一步了解鸡蛋，请参阅➡P142

脱脂乳

脱脂乳是一种脱去水分和脂肪的牛奶粉末，也称为脱脂奶粉。相比牛奶，它用量小、便于保存而且便宜，所以经常用于制作面包。因其吸水性比较好，所以如果发现有结块，在使用前需要筛一下。

＊如想进一步了解脱脂乳，请参阅➡P136

麦芽精

麦芽精是从发芽的大麦中提取出的麦芽糖浓缩物，又称为麦芽糖浆。虽说它不是常用的材料，但制作法式面包等不使用砂糖的面包时，它是不可或缺的材料，可使面包容易上色。

＊如想进一步了解麦芽精，请参阅➡P143

混搭和装点材料

坚果
杏仁（上）、核桃（下）

使用带皮的完整杏仁和带薄皮的核桃。核桃去除外壳，竖切成两半。有专门将核桃竖切成两半卖的地方。这些材料主要用于混入（面团）底料、点缀、做馅料。

＊如想进一步了解坚果，请参阅➡P144

砂糖
细砂糖粉（下）、华夫糖（上）

将颗粒状的糖研磨成粉就变成了细砂糖粉。大颗粒状的华夫糖（waffle sugar）具有经烘焙之后仍然可以保持其颗粒形状的特点，主要用于装点。

巧克力
丹麦糕点用巧克力（下）、巧克力豆（上）

用于混入面团、填充馅料、点缀。本书中制作巧克力面包的时候用的是板状巧克力；在做棒子巧克力法朵风时用的是巧克力豆。虽然也可以使用普通的巧克力，但烘焙过程中巧克力经常会熔化流出来。在糕点材料店里可以买到烘焙过程中不容易熔化的巧克力。

葡萄干
加利福尼亚葡萄干（下）、苏丹娜葡萄干（上）

除了颜色较深的加利福尼亚葡萄干、颜色淡的苏丹娜葡萄干以外，还有很多其他种类。将在水里快速冲洗过的葡萄干、在洋酒里泡过的葡萄干混入面团或者当馅料使用。

＊如想进一步了解葡萄干，请参阅➡P144

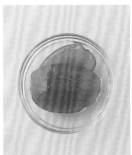

橘子皮
图示是一种用糖浆煮过的橘子皮。主要用来切碎了混入面团里。

黑芝麻
做面包时，黑芝麻主要用来混入面团或者装点。

主要介绍本书面包制作过程中使用的工具，都是一些基本的工具，而且也没必要罗列出所有的。也有一些特殊面包的专业工具，所以做面包的时候还是要根据实际需要准备工具。

烤箱

做面包绝对不可或缺的工具。热源一般为电力或燃气。市面上可以买到只有烘焙功能的烤箱、带炉灶的烤箱等各式各样的烤箱。也有一些还具有低温下蒸汽发酵、产生蒸汽（蒸汽加热）、可以设定250℃以上高温等功能，这些都为做面包提供了便利。

烤盘

使用烤箱配套的烤盘。烤面包时，最好准备两个烤盘，因为经常会一边醒发一批，而同时又在烘焙另外一批；或者需要预热烤盘。用的时候在烤盘上涂抹油就不容易粘了，但有的材质是不需要涂抹油的。

冷却架

冷却架可以冷却刚烘焙好的面包。将烘焙好的面包从烤箱里取出后立刻放在冷却架上，直到面包完全冷却。

连指手套（下）、劳动手套（上）

从烤箱里取烤盘或者从模具上脱面包的时候都会用到连指手套。如果面包模具较小，这时用劳动手套会更方便。如果劳动手套比较薄，两双套在一起戴比较安全。

醒发器

醒发器是一种可以保持适宜于面团醒发的环境的器具，也可以称为发酵箱。有可以设定温度、相对湿度的专业级别大中型醒发器，带有醒发功能的烤箱，但本书中使用的是较为轻便的控水箱（使用方法请参照Q58）。为保持相对湿度和温度，最好选择带盖的、内侧配备有控水筐的深容器作为醒发工具。另外，面团的最后一次醒发，有时候会直接在烤盘中完成，所以最好选择较大的、能够容下烤盘的醒发容器。发泡聚苯乙烯制的箱子、塑料衣物收纳箱等都可以。

工作台

和面、面团切分等操作大体上都是在这个工作台上进行的。木质的、不锈钢的或者人造大理石的等，只要是坚硬材质的，都可以用来做工作台。只要足够用来和面、可以固定放置物品的均可使用。

因为木质面板具有一定的透气性、吸水性，所以专业人员一般在工作台上放置一个一定厚度的木质面板。

市面上也有适合在家制作糕点的专用面板出售。

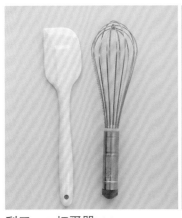

刮刀(左)、打蛋器(右)

刮刀可以将材料毫无残留地聚拢在一起。在制作面包的过程中，将已准确称重的材料毫无残留地全部使用，是非常重要的一点。一般选用树脂或橡胶等具有弹性的材料制作的刮刀。

制作面包时，打蛋器可将粉类与鸡蛋、水等液体均匀地混合在一起。

刮板

刮板是使用具有弹性的塑料制成的，可以切开面团、黄油，刮起粘在台子上的面团，涂奶油时可以使用直线部分，集中盆子中的面团、奶油时可以使用曲线部分。

根据用途可以有多种使用方法。

擀面杖

擀薄面团、拍打裹入用黄油等工序会用到擀面杖。可根据用途选择长短。

秤

做面包的时候，正确称量材料至关重要。称量酵母、盐等少量材料时，建议使用称量范围在0.1~2kg的电子秤。至少要准备一个最小称量单位为1g的秤。

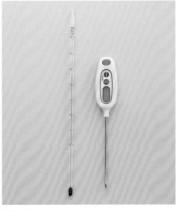

温度计

测量水温、面粉温度、和好的面团温度时需要使用温度计。有各种各样的温度计，如玻璃制温度计、测量部用不锈钢覆盖的电子温度计等，可选择使用便捷的。

不锈钢盆

存放材料、混合材料、揉面的时候需要使用不锈钢盆。从能够盛放所有面团材料的大盆，到称量材料用的小盆，直径10~30cm的大大小小的盆子多准备几个以方便使用。

布、板

在用力揉面、中间醒发、最后醒发过程中尚未摆上烤盘的时候，面团并不是很黏，所以可以直接用布盛放而不需要额外的扑面。帆布质地且少绒毛的厚布比较适合。

另外，在布下面放一块面板方便挪动面团。大概5mm厚、大小跟烤盘差不多的三合板即可。烤盘不够时，准备好的布和面板可以用来代替烤盘醒发剩下的面团。除此之外，像在做不需要放在烤盘上做最后醒发大工序的法式面包的时候，挪动切好的细长面团时就需要用到面板了。在面板上放一块布，就可以防止面团粘连。

不锈钢盘

在冰箱里冷却面团、归拢整理材料的时候需要使用不锈钢盘。冷却面团用不锈钢盘比较容易。

烘焙纸

烘焙纸是一种表面做过特殊处理的不粘烤箱用纸,放在烤盘上就可以省去涂油的麻烦。本书中将法式面包移到烤盘上的时候用到了,可以连同烘焙纸一起挪动,所以不会对面团造成影响。

铝制面包模具(左)、纸制面包模具(右)

本书做火腿洋葱面包卷、葡萄干面包、香橙巧克力法味朵风的时候用到了这些模具。

法味朵风面包模具

为了烤制出带有头的法味朵风而使用的模具。

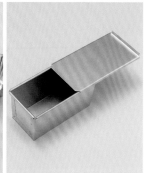

吐司模具

有600g的、900g的等各种尺寸的模具。做方形吐司的时候用带盖子的。本书中用了600g的模具。

滤茶网(左)、过滤网(右)

滤茶网:最后撒细砂糖粉装点时、少量均匀地撒材料时用到。
过滤网(万能过滤器):筛面粉、过滤液体、控水、沥水的时候使用。使用笊篱和筛子也可以。

面包切刀(左)、西式菜刀(中)、西式小菜刀(右)

面包切刀是专门用来分切烘焙好的面包的。此种刀具的特点是:波纹刀刃(便于切割面包外皮)、刀刃长。西式菜刀和西式小菜刀主要用来在面包成形过程中切分面团,或者切坚果和橘子皮等材料。切大的东西时,刀刃长的会比较方便。

割纹刀/割刀(左)、剪刀(右)

在面包坯上切割纹路、压痕的时候用。本书中使用的是由扁平细长的金属板和双刃剃须刀片组成的割纹刀。将刀片斜放在面包坯表面轻轻划痕,竖放刀刃在面包坯上切较深的切口。
在成形的面包坯上剪切纹路时使用剪刀。

毛刷

给面团涂鸡蛋液、扫除多余扑面时使用毛刷。可以根据用途准备不同硬度的毛刷。向醒发好的面团上涂抹鸡蛋液的时候,需要用毛质较软的刷子(右),以免伤到面包坯。涂抹杏仁饼干、在烘焙好的面包上刷果酱的时候,毛质较硬的(左)会比较好用。

保鲜膜

保鲜膜盖在面团上或者包住面团可防止干裂。分切面包、面包成形过程中面团可能干裂,需要盖上保鲜膜。冷藏醒发时,用保鲜膜包好之后再放入冰箱。

喷雾器

硬质面包烘焙前,用来向面团喷洒水雾。尽量选择喷雾比较细的喷雾器。

尺子

尺子可用来测量面团的大小和厚度。可以清洗的金属制或者塑料制尺子比较卫生。

第一章

五种基础面包
与系列面包

　　从像奶油卷、吐司这样每日餐桌上的面包，到法式羊角面包、贝果、佛卡夏面包等世界各地风味的面包，如今人们能够吃到的面包种类日渐丰富。

　　本章主要介绍五种基础面包和由五种基础面包配料制作的系列面包。本章将按照顺序详细介绍。另外，本章将制作面包过程中出现的疑问整理到栏外，在第二章给予回答。本章通过制作过程的介绍，使读者理解制作原理。

面包具有的特征

虽然面包种类数不胜数，但大致上可以用四个词总结其特征。首先是『简约』和『丰富』，简约型表示制作几乎只用到基本材料，随着副材料的增加，面包种类丰富起来。其次是『硬』和『软』，指的是面包口感，口感硬的叫『硬质面包』，软的叫『软质面包』。搭配使用以上词汇，『法式面包简约且口感较硬』如此表示面包的特征。在本书中，特选特征清晰，容易辨别的五种款式的面包作为基础面包介绍给读者。

法式面包 →P58

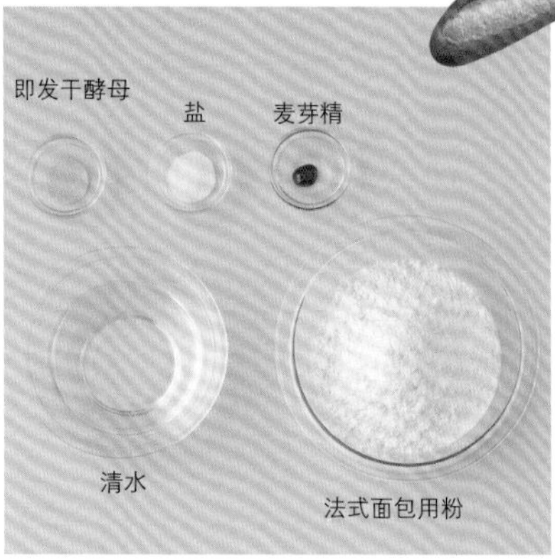

即发干酵母　　盐　　麦芽精

清水　　　法式面包用粉

大致上只用基本材料即可，可谓基本中的基本。法式面包是硬质简约面包的代表。虽然面包大小、形状不同，其口感也会有一定的变化，但其大致特征是：硬皮筋道有嚼劲，瓤滋润滑嫩（外焦里嫩）。要想只用简单的材料做出好吃的面包，没有精湛的技术和丰富的经验是不行的。

以法式面包面坯为底的面包

培根麦穗面包 →P70
葡萄干坚果棒 →P76

硬质面包

crust（面包硬皮）表示一种硬质面包。以带有面粉经烘焙后的芳香、因醒发而产生风味的简约型面包居多。

其他

法式羊角面包 → P102

和一般的面包做法不一样，需要层叠黄油和面团，制作方法有点像千层饼，具有独特的口感。松脆的外皮和柔嫩的面包瓤成为其特色。因为配有大量的黄油，所以可以称之为丰富型面包。

以法式羊角面包面坯为底的面包

法式巧克力面包 →P118

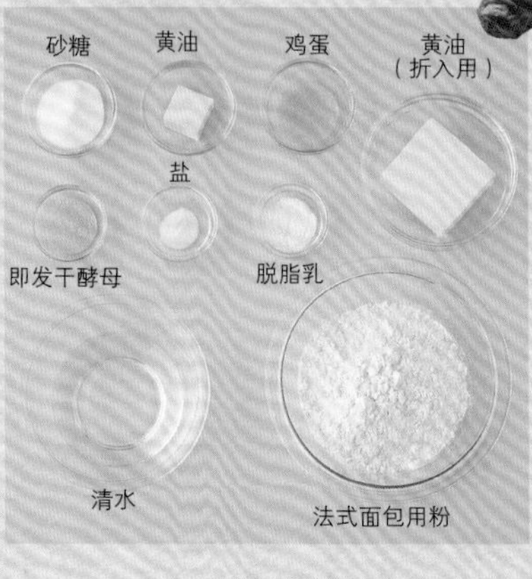

砂糖　　黄油　　鸡蛋　　黄油（折入用）

盐

即发干酵母　　　脱脂乳

清水　　　法式面包用粉

简约

在基本材料里混入少量的砂糖和油,就是略微丰富的软面包。一般大面包需要的烘焙时间较长,很容易变硬,但吐司都是放在容器里烘焙的,所以口感松软。

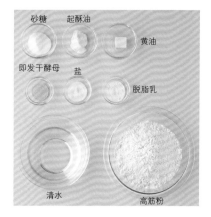

砂糖　起酥油　黄油
即发干酵母　盐　脱脂乳
清水　高筋粉

表示面包坯料基本上只使用基本材料(面粉、即发干酵母、水、盐),"简约、无脂肪"的意思。

山形吐司 ➡ P38

以山形吐司面坯为底的面包

黑芝麻吐司 ➡ P50
纺锤形砂糖黄油餐包 ➡ P54

表示面包的面包皮和瓤都软,圆圆胖胖的。一般配有丰富的副材料。

软质面包

砂糖　黄油　鸡蛋　蛋黄
即发干酵母　盐
脱脂乳
清水　高筋粉

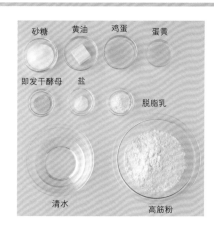

奶油卷
➡ P16

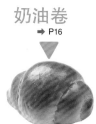

配有大量的砂糖、黄油、鸡蛋,可谓最丰富、软嫩的小型面包的代表。因体积较小、烘焙时间短,故口感松软。它是手工制作简单、方便的面包的代表。

以奶油卷面坯为底的面包

火腿洋葱面包卷 ➡ P28
瑞士辫子面包 ➡ P32

表示基本材料之外,还配有多种副材料(砂糖、油、乳制品、鸡蛋),"口感丰富、味道醇厚"的意思。

砂糖　黄油　鸡蛋　蛋黄
即发干酵母　盐
脱脂乳
清水　法式面包用粉

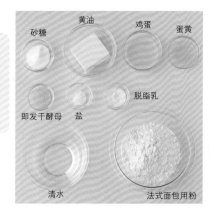

配有大量的黄油、鸡蛋,可谓最丰富、软嫩的面包的代表。虽然是小型面包,但与奶油卷比起来,需要的烘焙时间较长,具有较好的韧性和嚼劲。因配有大量的黄油和鸡蛋,所以质地松软,一般采用冷藏醒发的方式。

法味朵风
➡ P80

以法味朵风面坯为底的面包

葡萄干面包 ➡ P92
香橙巧克力法味朵风 ➡ P96

丰富

奶油卷

此款面包略甜，充满黄油的香味，备受各类人青睐。
面包中配有黄油、鸡蛋和脱脂乳，味道丰富、口感松软。
没有模具也可制作，所以建议首先挑战这款面包。

材料（8个）

	重量（g）	面包材料配比（%）^{Q71}
高筋粉	200	100
砂糖	24	12
盐	3	1.5
脱脂乳	8	4
黄油	30	15
即发干酵母	3	1.5
鸡蛋	20	10
蛋黄	4	2
清水	118	59
鸡蛋（烘焙用）	适量	

预先准备

- 调节水温。^{Q80}
- 将黄油室温软化。^{Q42}
- 在醒发用的大盆及烤盘内涂抹起酥油。
- 将烘焙用鸡蛋充分打散，并用滤茶网过滤。

揉好的面团温度	28℃
基础醒发	50min（30℃）
分割	8等分
中间醒发	15min
最后醒发	60min（38℃）
烘焙	10min（220℃）

和面

1 在大盆内加入高筋粉、砂糖、盐、脱脂乳以及即发干酵母，并用打蛋器进行搅拌，使所有原料均匀混合在一起。^{Q85}

2 从清水中取出适量作为调整水^{Q78}。在剩余的水中加入蛋液、蛋黄并搅拌混合。

※与其他原料相比，蛋液及蛋黄虽使用量不多，但能对面团产生较大影响。因此，加入蛋液及蛋黄时，要使用滤茶网将碗中的蛋液刮取干净。

3 将步骤2中的液体倒入步骤1中的大盆里，并用手搅拌混合。^{Q86}

※面渣逐渐减少，面团开始堆积形成。

Q71 什么叫面包材料配比？
➡P149

Q80 如何较好地决定和面水的温度？
➡P152

Q42 将黄油室温软化，黄油呈现何种状态为最佳？
➡P141

Q85 混合原料时，为什么要最后加入水？
➡P154

Q78 什么是和面水、调整水？
➡P152

Q86 加水后立即和面，这种做法好不好？
➡P154

Q83 何时加入调整水面团
效果最佳？
➡ P153

Q84 可以一次性用完所有
调整水吗？
➡ P153

Q89 揉面时，为什么要将
面团在面板上搓擦、
拍打？
➡ P155

Q91 手工和面时，揉捏到
何种程度为最佳？
➡ P157

Q99 为什么要把粘在手上
及刮板上的面团刮取
干净？
➡ P160

4 一边向大盆中加入步骤2中的调
整水，一边确认面团的软硬程
度，^{Q83、Q84}并继续搅拌混合。

※将调整水倒入面渣残留的地方，更易于
面团的堆积形成。

5 要不断搅拌混合，直到面渣消失、
面团形成。然后，取出揉好的面
团放在面板上。还要使用刮板将
粘在大盆内壁的面渣刮取干净。

6 将面团展开铺在面板上，用两手
掌大幅度、前后不断地搓擦面团，
同时也使面团与面板之间形成持
续摩擦。^{Q89、Q91}

※面团虽然成团，但质地并不均匀，面团
里仍存有面疙瘩。因而要继续进行揉捏，
直至整个面团的质地变得均匀、细腻为
止。

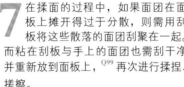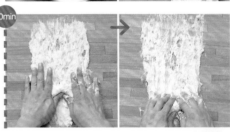

7 在揉面的过程中，如果面团在面
板上摊得过于分散，则需用刮
板将这些散落的面团刮聚在一起。
而粘在刮板与手上的面团也需刮干净
并重新放到面板上，^{Q99}再次进行揉捏、
搓擦。

8 要经常按照步骤7中的方法刮落
粘在面板、刮板及手上的面团，
并不断将这些零散的面团捏揉成
面质均匀、细腻的面团。

※随着面团中的面疙瘩逐渐消失，面团外
观开始变得光滑细腻，质地也变得十分柔
软。此时，若继续揉捏面团，不仅会使面
团的延展性得到增强，还会使其质地变得
更加细密。

9 继续揉捏面团，其边缘部分开始
从面板上脱落下来（请参阅图中
虚线所圈的部分）。

※若面团黏性增加、弹力增强，就可以
与面板发生分离。待面团变成上述理想
状态后，就可以对面团进行拍打了。

10 仔细刮下粘在面板、刮板及手上的面团，将这些碎面面渣掺入面团中，揉捏在一起。

11 拿起面团在面板上进行拍打，轻轻地拉长面团至较近端后，反向折回较远端。

侧视图　　俯视图

●关键点

一边不停地抖动手腕，一边拿起面团。然后，将面团朝面板打去，这样面团就会因为反作用力而变长。

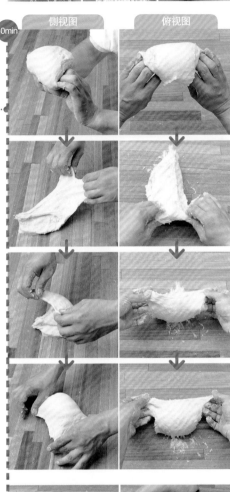

12 将手持面团的位置逆时针方向旋转90°，改变面团的方向。

13 重复步骤11、12，在面板上一边对面团进行拍打，一边进行揉捏，直到面团表面变得光滑饱满为止。^{Q97、Q98}

※刚开始进行拍打的时候，面团延展性低、容易断裂。因此，要十分注意拍打力度。待面团产生弹性后，再用力充分拍打。

Q97 在手工和面的过程中，面团过于紧缩，不能顺利地进行揉捏。这种情况该怎么办？
➡P160

Q98 拍打、揉捏面团时，面团会破裂、出现小洞。怎么办？
➡P160

19

14

取出一部分面团，用指尖拉伸使之展开成薄片状，由此确认面团的揉捏状态。

※虽然面团已具有延展性，能够随意拉伸，但面身的某些地方仍薄厚不匀。这是因为在揉面的过程中，面团内混入了少许空气，从而使面团表面产生了小面泡。在实际操作中，若面团出现上述情况，则可加入油脂进行改善。

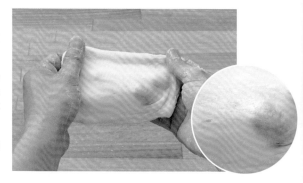

Q87为什么要最后加入油脂类物质？
➡P154

15

面团成团后对其进行按压，使其铺展开。在面团上加入黄油并用手研磨分散，使其融入整块面团中。Q87

16

先用手将面团扯成两半，然后不断撕扯。

17

继续撕扯面团，直至所有面团都碎成小块为止。

※通过不断撕扯面团，可增加其总的表面积。这样一来，黄油就容易与面团融合在一起了。

18

将碎小的面块放在面板上，不断地对其进行搓擦、揉捏。

※面团逐渐成团是因为加入黄油的缘故，面团变得光滑且不易与面板黏结。

19

继续揉捏面团，面团开始与面板产生黏结。

※因黄油未与面团混合均匀，所以面团看起来仍不光滑且硬度也不均匀。

20

要经常按照步骤 7 中的方法刮落粘在面板、刮板及手上的面团，并不断对这些零散的面团进行捏揉，直至面团的边缘部分与面板发生分离。

※若面团黏结在面板上，则要继续进行揉捏，直到面团能够与面板发生分离后，再将面团转移到面板上拍打。

21

把粘在面板、刮板及手上的面团收集在一起，与大面团团在一起。按照步骤 11、12 中的要领，再次在面板上进行拍打、揉捏。

※充分地揉捏面团，直到面团能够干净地与面板发生分离、面团表面变得光滑细腻为止。

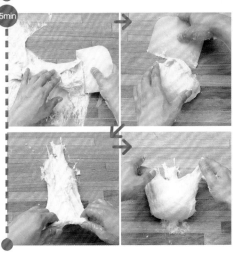

22 取出一部分面团，用指尖拉长面团使之展开成薄片状，由此确认面团的揉捏状态。^{Q93, Q95}

※加入黄油之前，若将面团上稍厚的地方抻平后，能够达到透过面皮可隐约看到指纹的程度，则可认为揉捏工序完成。而且拉破的小洞边缘整齐，不显锯齿状，此时面团状态最佳。

23 使面团成团，两手轻轻地将面团扒至较近处，使面团表面膨胀起来。

24 将面团旋转 90°，继续扒面团。此动作重复若干次，调整面团形状，使其表面膨胀呈球形。

25 将面团放入大盆中，^{Q102}测量揉好的面团温度。^{Q77}估测揉好的面团的温度为 28℃。^{Q96}

基础醒发

26 将面团放入醒发器，^{Q57}在 30℃的温度下醒发 50min。^{Q104}

分割

27 首先，测量连同大盆在内的面团的重量A。接着，从大盆中取出面团，使面团反扣在面板上。测量空盆的重量B。从重量A中减去重量B，得出面团的总重量。用面团的总重量除以8，得出每块小面团的平均重量（面团重量值为理想重量）。

※在分割、成形的工序中，面团发黏时，有必要在面团及面板上撒适量的扑面。Q75

Q75什么是扑面？
➡P151

28 轻轻地向下按压面团，目测，切取整块面团的1/8，Q120 测量面块的实际重量。

※因为取出的面团十分松软，若用手按压使面团厚度均匀，可十分容易地将面团等分。

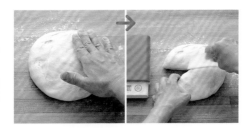

Q120分割时，为什么要用刮板对面团进行压切？
➡P169

29 调整面团重量，对面团进行添加或切割，使得面团的实际重量与理想重量吻合。Q121

※在下一道工序中，搓圆面团使其表面光滑且膨胀。当向面团内添加小面团时，要避开面团上光滑的一面进行添加。

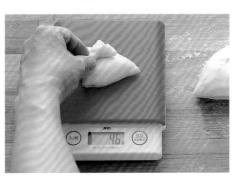

Q121为什么要均匀分割面团？
➡P170

搓圆 Q123

30 将面团放在手掌上，另一只手按压面团进行排气处理。使面团光滑细腻的一面朝上，另一只手围住这块面团。

Q123面团搓圆的秘诀以及搓圆后面团应达到的最佳程度。
➡P170

Q124 搓圆时，为什么还要
使面团表面鼓起来?
➡P171

31

右手包住面团后逆时针
方向旋转（若用左手，
则顺时针方向旋转），
搓圆面团，使其表面鼓起来。^{Q124}

※充分搓圆，使面团充满张力。

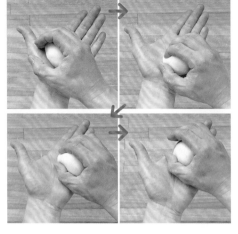

Q63 选用哪种质地的布盛放
面团较为合适?
➡P147

32

将面团摆放在铺有布的
面板上。^{Q63}

※在搓圆、成形的工序中，若放置的面
团变得过于干燥，则有必要在面团上裹
一层保鲜膜。

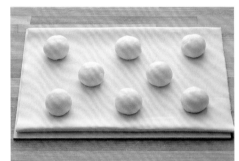

Q128 为什么有必要进行中
间醒发?
➡P173

Q130 中间醒发结束的断定
方法。
➡P174

中间醒发 ^{Q128}

33

将面团送回醒发器，让
面团醒发 15min。^{Q130}

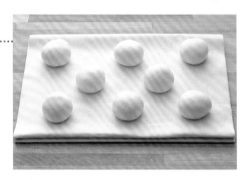

成形

34

用手掌按压面团进行排
气处理。

35

使面团细腻的一面朝上，
将面团的较远端向内折
入 1/3，然后用手掌根按
压接合处，使其紧紧地粘在一起。

36 改变面团方向，顺时针方向旋转180°。将面团的较远端向内折入1/3，按压接合处使其紧紧地粘在一起。

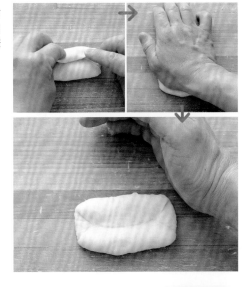

37 将面团对折，按压接合处，使其紧紧地粘在一起。

※用手掌根按压面团的边缘，可使面团表面膨胀、富有张力。

38 单手向下一边轻压面团，一边对面团进行搓滚。搓滚使面团变得一边粗一边细，长度约为12cm。

※小指稍稍向下支撑倾斜的手掌，用手掌搓滚面团使之变细。

39 将面团的较粗端捏紧。

※捏紧面团的较粗端，可在用擀面杖擀面团时使其形成漂亮的形状。

40 将面团摆放在布上，放回醒发器。让面团稍做醒发，使其松弛下来。

※让面团醒发，可使面团在被擀压时自由伸长。醒发的程度为用手指按压面团，移开手指后面团上仍留有压痕。

41

将面团的较细端置于近前，用擀面杖由面团中央向较远端擀压。

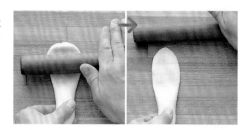

42

接着，拿起面团的中央部分，一边轻轻拉拽，一边沿中央至较近端方向对面团进行擀压。

※手持面团一点点地向较近处移动，使面团绷紧。擀压面团，使面团薄厚均匀，排气充分。将面团从面板上取下后重复步骤41、42。

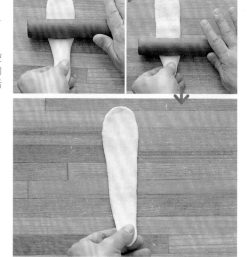

43

使步骤 37 中的接合处朝上，将面团的较远端向内翻折，并轻轻向下按压。

44

一边向下轻压面团，一边由较远端向较近端卷入面团。

※注意不要用力按压面团。只有卷痕左右对称，烤制出的面包形状才会漂亮。

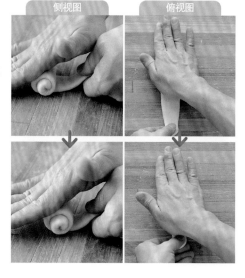

45 捏紧面卷末端。^{Q132}

Q132成形时，为什么要搓捏、按压接合处？
➡P175

46 使接合处朝下，^{Q133}将面团摆放在烤盘上。^{Q134}

Q133为什么要使接合处朝下来摆放面团？
➡P175

Q134将面团摆放在烤盘上时，有什么需要注意的地方？
➡P175

最后醒发

47 将面团放入醒发器，在38℃的温度下醒发60min。^{Q113}

Q113最后醒发结束的断定方法。
➡P166

烘焙

48 在面团表面的卷痕处平行涂抹蛋液。^{Q142, Q143}将烤箱预热至220℃，烤制10min。^{Q145, Q157}

※注意不要使蛋液流入烤盘里。

Q142如何完美地涂抹蛋液？
➡P179

Q143涂抹蛋液时，有哪些需要注意的地方？
➡P179

Q145按配方上标明的温度与时间对面包进行烘焙，结果面包烤焦了。这是为什么？
➡P180

Q157为什么烘焙好的奶油卷的卷痕会裂开？
➡P184

49 从烤箱中取出面包，放在冷却架上凉凉。^{Q147}

Q147为什么烘焙结束后要立即拿出烤盘，从面包模中取出面包？
➡P180

火腿洋葱面包卷

这是一款以洋葱和奶酪作为装饰配品，
在奶油卷面团中卷入火腿片加工而成的简单食品。
我们既可以将面包内的洋葱味改换为咖喱味，
又可以通过涂抹比萨酱使之成为比萨饼。
总之，让我们发挥无限的想象，
尽享创意面包的美妙滋味吧。

材料（6个）

	重量（g）	面包材料配比（%）^{Q71}
高筋粉	200	100
砂糖	24	12
盐	3	1.5
脱脂乳	8	4
黄油	30	15
即发干酵母	3	1.5
鸡蛋	20	10
蛋黄	4	2
清水	118	59

火腿片	6片
洋葱	60g
色拉油、盐、胡椒	各适量
比萨用奶酪	60g
芥末酱	适量
芹菜	适量

※铝盒的尺寸为底部直径9cm，高2cm。

预先准备

● 调节水温。^{Q80}
● 将黄油室温软化。^{Q42}
● 在醒发用的大盆内均匀涂抹起酥油。
● 将洋葱切成薄片，加入色拉油进行翻炒，翻炒过程中保持其色泽不变，并加入盐、胡椒等进行调味。

揉好的面团温度	28℃
基础醒发	50min（30℃）
分割	6等分
中间醒发	15min
最后醒发	45min（38℃）
烘焙	10min（220℃）

和面、基础醒发、分割、搓圆

1 按照与奶油卷（P16）的制作步骤1~26相同的方法和面并进行面团的基础醒发。按照与步骤27~29相同的方法将面团6等分。按照与步骤30、31相同的方法将面团搓圆，摆放在铺有布的面板上。^{Q63}
※在分割、成形的工序中，面团发黏时，有必要在面团及面板上撒适量的扑面。^{Q75}

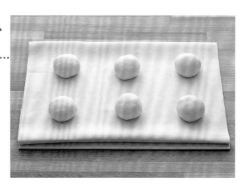

中间醒发^{Q128}

2 将面团重新放入醒发器，让其醒发15min。^{Q130}

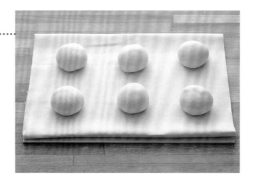

Q71什么叫面包材料配比？
➡P149

Q80如何较好地决定和面水的温度？
➡P152

Q42将黄油室温软化，黄油呈现何种状态为最佳？
➡P141

Q63选用哪种质地的布盛放面团较为合适？
➡P147

Q75什么是扑面？
➡P151

Q128为什么有必要进行中间醒发？
➡P173

Q130中间醒发结束的断定方法。
➡P174

成形

3 先用擀面杖由面团中央向较远端进行擀压，然后再由中央向较近端进行擀压。要时常改变面团方向并重复上述操作，对面团充分排气，将其擀压成圆饼状。

※擀压后的圆饼状面团应略大于火腿片。

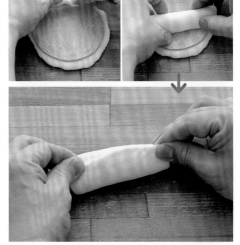

4 将火腿片放在面团上并在上面涂抹芥末酱。将面团由较远端起卷至较近端，最后捏紧面卷的末端。

※芥末酱的用量可根据个人喜好进行添加。制作面卷，注意面层之间不要留有间隙。

5 将面卷纵向对折，使卷痕裹入内侧，并捏紧面卷的两端。

侧视图　　俯视图

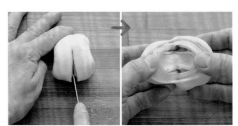

6 在面团上由较近端起切开一刀，切痕长度约为面团长边的 2/3，最后将切口处掰开使面团绽开。

7 调整面团形状，并将其放入铝盒内。

※面团放入铝盒内后，用手向下充分按压。注意按压时不要使面团发生倾斜，平稳地放置可使烘焙时的面团受热均匀，制成的面包颜色一致。

8 将面团摆放在烤盘上。^{Q134}

Q134 将面团摆放在烤盘上时，有什么需要注意的地方？
➡ P175

最后醒发

9 将面团放入醒发器，在 38℃的温度下醒发 45min。^{Q113}

Q113 最后醒发结束的断定方法。
➡ P166

烘焙

10 将翻炒过的洋葱以及比萨用奶酪均分为 6 份，分别摆放在 6 块面团上。

11 喷雾，使面团表面保持微微湿润的状态。^{Q139} 将烤箱预热至 220℃，烤制 10min。^{Q145} 之后，加入芹菜作为点缀并放在冷却架上凉凉。^{Q147}

Q139 喷雾后再进行烘焙，对面包有何影响？
➡ P177

Q145 按配方上标明的温度与时间对面包进行烘焙，结果面包烤焦了。这是为什么？
➡ P180

Q147 为什么烘焙结束后要立即拿出烤盘，从面包模中取出面包？
➡ P180

瑞士辫子面包

这是一款将葡萄干嵌入奶油卷后分三股编制而成的简单面包。

瑞士辫子面包属于编制型面包，原名中的 ZOPF 在德语中为马尾辫的意思。

制作此款面包时，既可以采用色泽剔透、口感清爽微甜的苏丹娜葡萄干，

也可以采用加利福尼亚葡萄干，两者都能让面包的口感更加美妙。

材料（2个）

	重量（g）	面包材料配比（%）[Q71]
高筋粉	200	100
砂糖	24	12
盐	3	1.5
脱脂乳	8	4
黄油	30	15
即发干酵母	3	1.5
鸡蛋	20	10
蛋黄	4	2
清水	118	59
苏丹娜葡萄干	60	30
杏仁		50g
大颗粒华夫糖		50g
鸡蛋（烘焙用）		适量

预先准备

- 调节水温。[Q80]
- 将黄油室温软化。[Q42]
- 用温水冲洗苏丹娜葡萄干，[Q53] 洗净后放在笸箩上，充分晾干。
- 在醒发用的大盆及烤盘表面均匀涂抹起酥油。
- 将烘焙用鸡蛋充分打散，并用滤茶网进行过滤。
- 杏仁捣碎，呈大颗粒状。

揉好的面团温度	28℃
基础醒发	50min（30℃）
分割	6等分
中间醒发	15min
最后醒发	45min（38℃）
烘焙	14min（210℃）

和面

1 按照与奶油卷（P16）的制作步骤1~22相同的方法和面。按压面团使其展平。在展平的面团上撒若干苏丹娜葡萄干，并轻轻按压，使其嵌入面团内。

2 把面团由较远端向较近端卷入，使带有卷痕的一面朝上，按压整块面团。

3 将面团旋转90°后，按照与步骤2相同的方法继续卷面团并对其进行按压。反复此动作，直至葡萄干完全混入面团里为止。

Q71 什么叫面包材料配比？
➡P149

Q80 如何较好地决定和面水的温度？
➡P152

Q42 将黄油室温软化，黄油呈现何种状态为最佳？
➡P141

Q53 为什么要将葡萄干用温水洗净后再使用？
➡P144

4 按照与奶油卷（P16）的制作步骤 23、24 相同的方法，将面团搓圆后放入大盆中，^{Q102} 测量揉好后的面团温度。^{Q77} 揉好的面团温度大概为 28℃。^{Q96}

基础醒发

5 将面团放入醒发器，^{Q57} 在 30℃的温度下醒发 50min。^{Q104}

分割、搓圆

6 按照与奶油卷（P16）的制作步骤 27~29 相同的方法，把醒发后的面团 6 等分。按照与奶油卷的制作步骤 30、31 相同的方法，将等分后的面团分别搓圆，^{Q123、Q124} 摆放在铺有布的面板上。^{Q63}

※在分割、成形的工序中，面团有时会发黏，这时，有必要在面团和面板上撒上适量的扑面。^{Q75}

中间醒发 ^{Q128}

7 将面团重新放回醒发器，让其醒发 15min。^{Q130}

成形

8 按照与奶油卷（P16）的制作步骤 34~37 相同的方法，将每个小面团搓成棒状。单手一边向下轻压面团，一边前后搓滚，使其变成长约 15cm 的面棒。

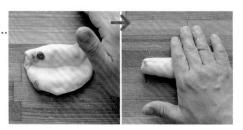

9 将面团摆放在布上，连同布一块送回醒发器。让面团醒发一会儿，直至面团稍稍松弛为止。

※让面团稍做醒发，可以增强它的延展性。醒发后的最佳状态大致为用手指按压面团，移开手指后面团上仍存留压痕。

10 用手掌按压面团，排出面团中残留的气体。使接合处朝上，一边将面团由较远端向较近端对折，一边用手掌根用力按压对折处，使面团的两端黏合在一起。^{Q132}

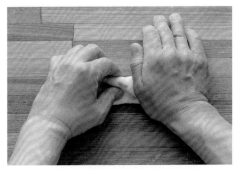

Q132成形时，为什么要搓捏、按压接合处？
→ P175

11 一边轻轻地向下按压面团，一边对面团进行搓滚，使其变成长为 25cm 的面棒。^{Q173}

※搓长面团时，首先用一只手将面团中央搓细，然后用两只手一边对面团进行搓滚，一边将搓滚位置由中央转移至两端。

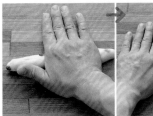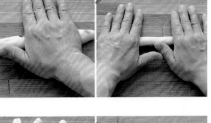

Q173不能较好地将面团搓成棒状，怎么办？
→ P191

12 如图所示，摆放三根面棒，使每根面棒上有接合处的那面朝上（同步骤 10）。将三根面棒像编辫子一样进行编制，编制结束的位置为面棒的中心部。之后进行收尾工作，即将三根面棒的末端紧捏在一起。

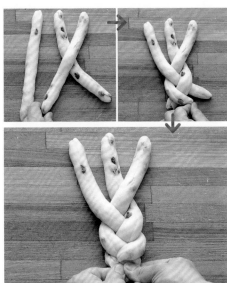

13 翻转面团。将面团的辫子形一端由较近端移至较远端，并且将有接合处的一面朝下摆放。

14 继续编制剩余的部分。之后用手捏紧编制末端，进行收尾。

15 编制完成。

※ 将面棒分为上半部、下半部分开编制，可使编制的辫子形面团形状更加漂亮。

Q133 为什么要使接合处朝下来摆放面团？
➡P175

Q134 将面团摆放在烤盘上时，有什么需要注意的地方？
➡P175

Q113 最后醒发结束的断定方法。
➡P166

16 将辫子形面团的接合处朝下摆放在烤盘中。 ^{Q133, Q134}

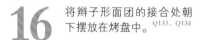

最后醒发

17 将面团送入醒发器，在 38℃的温度下醒发 45min。 ^{Q113}

烘焙

18 在成形后的面团表面涂抹打散的蛋液。^{Q142，Q143}

※沿编制缝儿进行涂抹，注意不要使蛋液积存在凹痕内。

Q142 如何完美地涂抹蛋液？
➡P179

Q143 涂抹蛋液时，有哪些需要注意的地方？
➡P179

19 在面团上撒上大颗粒碎杏仁及华夫糖。放入预热至210℃的烤箱中，烤制14min。^{Q145}之后放在冷却架上凉凉。^{Q147}

Q145 按配方上标明的温度与时间对面包进行烘焙，结果面包烤焦了。这是为什么？
➡P180

Q147 为什么烘焙结束后要立即拿出烤盘，从面包模中取出面包？
➡P180

瑞士辫子面包的辫子形编制法

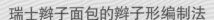

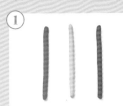

① 平行摆放三根面棒（如图所示，绿、黄、红）。

② 红棒交叉压在黄棒上。

③ 绿棒交叉压在红棒上。此时，绿棒与黄棒平行。

④ 近端的半根黄棒交叉压在绿棒上。此时，近端的半根黄棒与红棒平行。

⑤ 近端的半根红棒继续交叉压在黄棒上。此时，近端的半根红棒与绿棒平行。

⑥ 将最外侧的三根彩棒左右交叉编制至棒身中央位置，捏紧编制侧的末端进行收尾。

⑦ 翻转面身，较远端变为较近端，上面变为下面。

⑧ 按照与步骤6相同的方法对剩余部分进行编制。完成。

山形吐司

吐司是一种深受大众喜爱、广为人知的面包。

烘焙时，面包模上不加盖子制成的叫山形吐司，

加上盖子制成的则被称为方形吐司。

山形吐司内含有砂糖以及油脂等物质，因而口感非常松软。

但因为面包用料较少，因而被归于清淡型面包。

材料（1个容量为600g的吐司模）

	分量（g）	面包材料配比（%）^{Q71}
高筋粉	250	100
砂糖	12.5	5
盐	5	2
脱脂乳	5	2
黄油	10	4
起酥油	10	4
即发干酵母	2.5	1
清水	195	78
鸡蛋（烘焙用）	适量	

※容量为600g的吐司模容积是1700cm³。^{Q159}

预先准备

● 调节水温。^{Q80}
● 将黄油室温软化。^{Q42}
● 在醒发用的大盆及吐司模的表面均匀涂抹起酥油。
● 将烘焙用鸡蛋充分打散，并用滤茶网过滤，再用相
  当于蛋液量 1/5 的清水稀释。
  ※因烘焙时间过长，所以要加水稀释以防吐司颜色加深。

揉好的面团温度	26℃
基础醒发	60min（30℃）+ 30min（30℃）
分割	2等分
中间醒发	30min
最后醒发	60min（38℃）
烘焙	30min（210℃）

和面

1 在大盆内加入高筋粉、^{Q158} 砂糖、盐、脱脂乳以及即发干酵母，并用打蛋器搅拌，使所有原料均匀混合在一起。^{Q85}

2 从清水中取出适量，作为调整水。^{Q78}

3 将剩余的水倒入步骤 1 中的大盆里，用手将水和其他物质搅拌混合。^{Q86}

4 面渣逐渐减少，面团开始堆积形成。

Q71什么叫面包材料配比？
➡ P149

Q159如果没有配方中使用的那种吐司模，我们该怎么办？
➡ P185

Q80如何较好地决定和面水的温度？
➡ P152

Q42将黄油室温软化，黄油呈现何种状态为最佳？
➡ P141

Q158为什么要用蛋白质含量丰富的高筋粉来做吐司？
➡ P185

Q85混合原料时，为什么要最后加入水？
➡ P154

Q78什么是和面水、调整水？
➡ P152

Q86加水后立即和面，这种做法好不好？
➡ P154

5 一边向大盆中加入步骤2中的调整水，一边确认面团的软硬程度，Q83、Q84 并继续搅拌混合。

※将调整水倒入面渣残留的地方，更易于面团的堆积形成。

6 要不断搅拌混合，直到面渣消失、面团形成。之后，取出揉好的面团放在面板上。还要使用刮板将粘在大盆内壁的面渣刮取干净。

7 将面团展开铺于面板上，用两手掌大幅度、前后不断地搓擦面团，同时也使面团与面板之间形成持续摩擦。Q89、Q91

※面团虽然成团，但质地并不均匀，面团上的某些地方仍存有面疙瘩。因而要继续揉捏，直至整个面团的质地变得均匀、细腻为止。

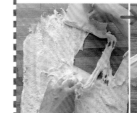

8 在揉面的过程中，如果面团在面板上摊开得过于分散，则需用刮板将这些散落的面团刮聚在一起。而粘在刮板与手上的面团也需刮干净并重新放到面板上，Q99 再次进行揉捏、搓擦。

9 要经常按照步骤8中的方法刮落粘在面板、刮板及手上的面团，并不断将这些零散的面团捏揉成面质均匀、细腻的面团。

※随着面疙瘩逐渐消失，面团外观开始变得光滑细腻，质地也变得十分柔软。此时，若继续揉捏面团，不仅会使面团的延展性得到增强，还会使其质地变得更加细密。

10 继续揉捏面团，其边缘部分开始从面板上脱落下来（请参阅图中虚线所圈的部分）。

※若面团黏性增加、弹力增强，就可以与面板发生分离。待面团变成上述理想状态后，就可以对面团进行拍打了。

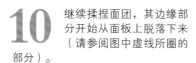

11 仔细刮下粘在面板、刮板及手上的面团，将这些碎面渣掺入面团中，揉捏在一起。

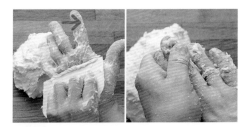

12 拿起面团在面板上进行拍打，轻轻地拉长面团至较近端后，反向折回较远端。

※一边不停地抖动手腕，一边拿起面团。之后，将面团朝面板拍打，这样面团就会因为反作用力而变长。

10min　侧视图　俯视图

13 将手持面团的位置逆时针方向旋转90°，改变面团的方向。

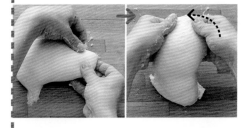

14 重复步骤12、13，在面板上一边对面团进行拍打，一边揉捏，直到面团表面变得光滑饱满为止。Q97、Q98

※刚开始拍打的时候，面团延展性低，容易断裂。因此，要十分注意拍打力度。待面团产生弹性后，再用力充分拍打。

Q97 在手工和面的过程中，面团过于紧缩，不能顺利地进行揉捏。这种情况该怎么办？→P160

Q98 拍打、揉捏面团时，面团会破裂、出现小洞。怎么办？→P160

第一章 五种基础面包与系列面包·山形吐司

41

15

取出一部分面团，用指尖拉伸使之展开成薄片状，由此确认面团的揉捏状态。

※虽然面团已具有延展性、能够随意拉伸，但面团的某些地方仍薄厚不匀。这是因为在揉面的过程中，面团内混入了少许空气，从而使面团表面产生了小面泡的缘故。在实际操作中，若面团出现上述情况，则可加入油脂进行改善。

Q41为什么有时需要同时使用起酥油和黄油？
➡P141

Q87为什么要最后加入油脂类物质？
➡P154

16

面团成团后对其进行按压，使其铺展开。在面团上加入黄油与起酥油并用手研磨分散，^{Q41} 使其融入整块面团中。^{Q87}

17

先用手将面团扯成两半，然后不断撕扯，直至所有面团都碎成小块为止。

※通过不断撕扯面团，可增加其总的表面积。这样一来，黄油就容易与面团融合在一起了。

18

将碎小的面块放在面板上，不断地对其进行搓擦、揉捏。

※碎小的面块会逐渐地粘在一起，由于加入了黄油，面块变滑，就不容易粘在面板上了。

19

要经常按照步骤8中的方法刮落粘在面板、刮板及手上的面团，并不断对这些零散的面团进行捏揉，直至面团的边缘部分与面板发生分离。

※若面团粘在面板上，则要继续进行揉捏，直到面团能够与面板发生分离后，再将面团转移至面板上拍打。

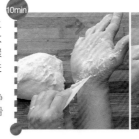

20 把粘在面板、刮板及手上的面团收集在一起，与大面团团在一起。按照步骤12、13中的要领，再次在面板上进行拍打、揉捏。

※充分地揉捏面团，直到面团能够干净地与面板发生分离、面团表面变得光滑细腻为止。

21 取出一部分面团，用指尖拉伸使之展开成薄片状，由此确认面团的揉捏状态。 Q93、Q95

※加入油脂之前，若将面团上稍厚的地方抻平后，能够达到透过面皮可隐约看到指纹的程度，则可认为揉捏工序完成。而且拉破的小洞边缘整齐、不显锯齿状，此时面团状态为最佳。

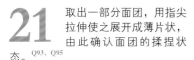

22 使面团成团，用双手轻轻地将面团扒至较近端，使面团表面膨胀起来。

23 将面团旋转90°后继续扒面团。此动作重复若干次，并不断地调整面团形状，直至其表面膨胀呈球形为止。

24 将面团放入大盆中， Q102 测量揉好后的面团温度。 Q77 估测揉好面团的温度为26℃。 Q96

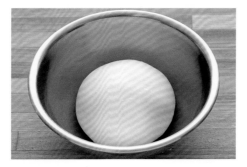

基础醒发

25 将面团放入醒发器， Q57 在30℃的温度下醒发60min。 Q104

Q93 如何较好地确认面团揉捏是否完成？
➡P158

Q95 和面力度不足或过强，会分别产生什么情况？
➡P159

Q102 用于盛放揉好后的面团的容器，其大小为多少较为合适？
➡P162

Q77 什么是揉好后的面团温度？
➡P151

Q96 揉好的面团未达到理想温度，怎么做才好？
➡P159

Q57 什么是醒发器？
➡P145

Q104 如何断定面团醒发的最佳状态？
➡P162

排气 ^{Q114, Q118}

26 在工作台上铺一层布, ^{Q63} 从大盆中取出面团,将面团反扣在台面上。

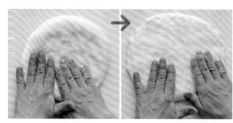

27 由中央向外侧按压整块面团。^{Q115, Q116}

※在排气、分割、成形的工序中,面团发黏时,有必要在面团及面板上撒适量的扑面。^{Q75}

28 首先,将面团的左端向右折入 1/3,接着,再将右端向左折入 1/3,按压折后的整块面团。接着,将面团的较远端向中间折入 1/3,再将面团的较近端向中间折入 1/3,然后按压整块面团。

※为了得到体积足够的吐司,必须用力按压、充分排气。^{Q160}

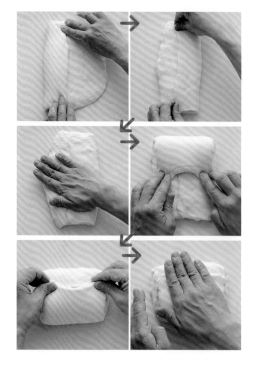

29 将面团翻过来,使光滑饱满的面朝上,调整形状后重新放回大盆中。

基础醒发

30 将面团重新放入醒发器，在30℃的温度下醒发30min。

分割

31 首先，测量连同醒发用大盆在内的面团重量 A。接着，从醒发的大盆中取出面团，使其反扣在面板上。测量空盆的重量 B。从重量 A 中减去重量 B，得出面团的总重量。用面团的总重量除以 2，得出每块小面团的平均重量（此时的面团重量为理想重量）。

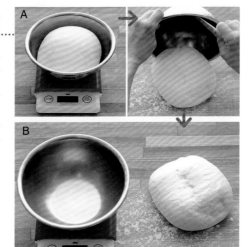

32 目测，将面团 2 等分，^{Q120} 测量每块小面团的重量（此重量为实际重量）。

Q120 分割时，为什么要用刮板对面团进行压切？
➡ P169

33 调整面团重量，对面团进行添加或切割，使得面团的实际重量与理想重量吻合。^{Q121}

Q121 为什么要均匀分割面团？
➡ P170

搓圆

34 使面团平滑细腻的一面朝上，用双手轻轻地将面团扒至较近端，使面团表面鼓起来。

35

改变面团方向，将其旋转 90°。

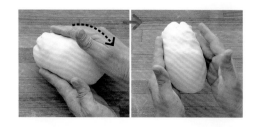

Q124 搓圆时，为什么还要使面团表面鼓起来？
➡ P171

36

将步骤 34、35 重复数次，一边使面团表面不断鼓起来，[Q124] 一边对面团进行搓圆整形。

37

在此过程中，若面团表面产生了气泡，要用手轻轻按压弄破气泡。

38

将面团摆放到铺有布的板子上。

※在搓圆、成形的工序中，若面团放置得过于干燥，则有必要在面团表面覆盖一层保鲜膜。

Q128 为什么有必要进行中间醒发？
➡ P173

Q130 中间醒发结束的断定方法。
➡ P174

中间醒发 [Q128]

39

将面团再次放入醒发器，让面团醒发 30min。[Q130]

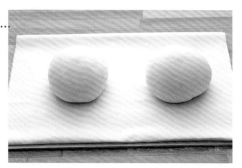

成形

40

将面团放在工作台上，用擀面杖由面团中央向较远端进行擀压。

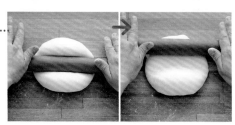

41 接下来，用擀面杖由面团中央向较近端擀压。

42 改变面团方向，旋转90°，然后将面团翻过来。

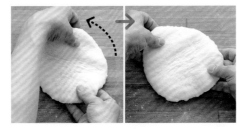

43 将步骤40、41重复操作一次，对面团进行充分排气处理。

※一边排气，一边擀压面团，并尽量将面团形状调整为边长约18cm的正方形。

44 使面团光滑饱满的一侧朝下，将面团较远端向中央折入1/3，之后用手掌向下按压整块面团。

45

改变面团方向，旋转180°，将面团的较远端向中央折入 1/3，继而按压整个面团。然后将面团旋转 90°。

※折叠面团，使得面团宽度比吐司模的宽度稍窄一些。而在下一道卷面团的工序中，则要注意使面团的宽度稍宽一些。为了使面团形成漂亮的形状，要向下按压，使整块面团厚度均匀。

46

将面团的较远端稍微向中央折入，并轻轻向下按压。为了使面卷表面鼓起来，要用拇指一边轻轻压紧面团，一边由较远端向较近端翻卷。

※若卷压过紧，面团表面容易发生断裂，在最后醒发的工序中也需要耗费大量时间。

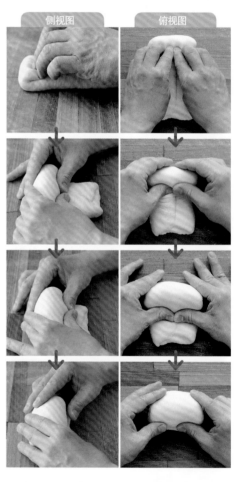

侧视图　　俯视图

Q132 成形时，为什么要搓捏、按压接合处? ➡P175

47

用手掌根按压面卷末端，使其与面身紧紧地粘在一起。 Q132

侧视图　　俯视图

48

将两块面团中有卷痕的
一面朝下，^{Q133} 在吐司模
中放入两块面团。

Q133 为什么要使接合处朝下来摆放面团？
➡ P175

最后醒发

49

连同吐司模一起放入醒发
器，在 38℃ 的温度下醒
发 60min。

※面团凸起的最高处不要超过吐司模的
高度。

Q142 如何完美地涂抹蛋液？
➡ P179

Q143 涂抹蛋液时，有哪些需要注意的地方？
➡ P179

烘焙

50

在面团表面涂抹稀释后的
蛋液。^{Q142, Q143} 将烤箱预热
至 210℃，烤制30min。^{Q145}

※注意不要使蛋液堆积在吐司两凸起间
的坑洼处，也不要使蛋液滴入面团和吐
司模间的空隙处。在烘焙过程中，若面
团的顶部颜色变得过深，则应在面包表
面覆盖一层铝箔纸或烘焙纸。^{Q164}

Q145 按配方上标明的温度与时间对面包进行烘焙，结果面包烤焦了。这是为什么？
➡ P180

Q164 面包的顶部烤煳了，怎么办？
➡ P187

51

从烤箱中取出吐司模，将
吐司模轻轻磕碰面板，^{Q165}
此时吐司就可以从模具中
倒出来了。^{Q147, Q148}

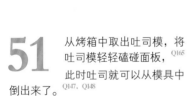
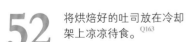

Q165 为什么吐司烘焙完成后要立刻将其取出并放在面板上？
➡ P187

Q147 为什么烘焙结束后要立即拿出烤盘，从面包模中取出面包？
➡ P180

52

将烘焙好的吐司放在冷却
架上凉凉待食。^{Q163}

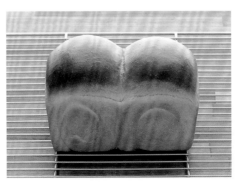

Q148 为什么要将面包从面包模中倒出来，而不是拔出来呢？
➡ P181

Q163 山形吐司的两凸起高度不统一，下次制作时应注意什么？
➡ P187

黑芝麻吐司

这是一款在山形吐司面团的基础上撒上足量黑芝麻加工而成的简单混合面包。

所谓混合面包，是指在白面包的面团内掺入干果、坚果、粗粮等加工而成的面包。

根据个人喜好，将吐司切成厚度适当的薄片后，

再重新烘焙的话，会使黑芝麻的香味更加浓厚。

而对吐司不进行再烘焙，直接加入自己喜爱的食材制成三明治，

也不失为一种很好的选择。

材料（1个容量为600g的吐司模）

	分量（g）	面包材料配比（%）[Q71]
高筋粉	250	100
砂糖	12.5	5
盐	5	2
脱脂乳	5	2
黄油	10	4
起酥油	10	4
即发干酵母	2.5	1
清水	195	78
黑芝麻	12.5	5

※容量为600g的吐司模容积是1700cm³。[Q159]

预先准备

● 调节水温。[Q80]
● 将黄油室温软化。[Q42]
● 在醒发用的大盆、吐司模及盖子表面均匀涂抹起酥油。

揉好的面团温度	26℃
基础醒发	60min（30℃）+30min（30℃）
分割	3等分
中间醒发	30min
最后醒发	50min（38℃）
烘焙	30min（220℃）

和面

1 按照与山形吐司（P38）的制作步骤1~21相同的方法和面。按压面团使其展开，在整块面团上撒满黑芝麻。

2 将饼状面团由较远端向较近端卷入，然后，将有卷痕的一面朝上，按压整块面团。

3 将面团旋转90°后，按照步骤2的做法，继续卷面团并对面团进行按压。重复此动作，直至黑芝麻全部混入面团里为止。

4 按照与山形吐司（P38）的制作步骤22、23相同的方法搓圆，使面团成团。

Q71 什么叫面包材料配比？
➡P149

Q159 如果没有配方中使用的那种吐司模，我们该怎么办？
➡P185

Q80 如何较好地决定和面水的温度？
➡P152

Q42 将黄油室温软化，黄油呈现何种状态为最佳？
➡P141

排气

5 将面团放入大盆中，^Q102 测量揉好的面团的温度。^Q77 揉好的面团温度大概为 26℃。^Q96

基础醒发

6 将面团放入醒发器，^Q57 在 30℃的温度下醒发 60min。^Q104

排气 Q114，Q118

7 按照与山形吐司（P38）的制作步骤 26~28 相同的方法，对面团进行排气处理。^Q116，Q160

※在排气、分割、成形的工序中，面团发黏时，有必要在面团及面板上撒适量的扑面。^Q75

8 将面团翻过来，使光滑饱满的一面朝上，搓圆后放回大盆中。

基础醒发

9 将面团重新放入醒发器，在 30℃的温度下醒发 30min。

分割、搓圆

10 按照与山形吐司（P38）的制作步骤 31~33 相同的方法，将大面团均分为 3 份。按照与步骤 34~36 相同的方法搓圆面团，^{Q124} 并将搓好的面团摆放在铺有布的面板上。^{Q63}

Q124 搓圆时，为什么还要使面团表面鼓起来？
➡P171

Q63 选用哪种质地的布盛放面团较为合适？
➡P147

中间醒发 ^{Q128}

11 将面团重新放回醒发器，让面团醒发 30min。^{Q130}

Q128 为什么有必要进行中间醒发？
➡P173

Q130 中间醒发结束的断定方法。
➡P174

成形

12 按照与山形吐司（P38）的制作步骤 40~47 相同的方法，对面团进行成形处理。使面团的卷痕朝下，^{Q133} 在吐司模中放入 3 块这样的面团。

Q133 为什么要使接合处朝下来摆放面团？
➡P175

最后醒发

13 将面团连同吐司模一起放入醒发器，在 38℃ 的温度下醒发 50min。^{Q161}

※面团的凸起应膨胀到吐司模高度的七成。若使面团醒发过度，则烘焙出的吐司四角就会变得过大，从而导致吐司质地不密实，容易发生塌陷。

Q161 为什么方形吐司的最后醒发时间比山形吐司的短？
➡P186

Q165 为什么吐司烘焙完成后要立刻将其取出并放在面板上？
➡P187

烘焙

14 在吐司模上加盖后放入预热至 220℃ 的烤箱中，烤制 30min。从烤箱中取出吐司模，将吐司模轻轻磕碰面板，^{Q165} 吐司就会从模具中倒出来。^{Q147, Q148}之后，将烘焙好的吐司放在冷却架上凉凉待食。^{Q162}

※因为是加了盖子进行烘焙的，所以此款吐司的烘焙温度比山形吐司的烘焙温度高。

Q147 为什么烘焙结束后要立即拿出烤盘，从面包模中取出面包？
➡P180

Q148 为什么要将面包从面包模中倒出来，而不是拔出来呢？
➡P181

Q162 方形吐司烤制出来棱角不分明。这是什么原因造成的？
➡P187

以山形吐司为基础烘焙而成的系列面包——

纺锤形砂糖黄油餐包

这是一款仅在山形吐司面团中加入黄油和砂糖制作而成的简单面包。

在传统的纺锤形面包的基础上稍做加工，也可以得到这样的面包。

渗入面包内的鲜美黄油与砂糖的甘醇口感相辅相成，

构成一款味美可口的时尚餐包。

材料（4个）

	分量（g）	面包材料配比(%) Q71
高筋粉	250	100
砂糖	12.5	5
盐	5	2
脱脂乳	5	2
黄油	10	4
起酥油	10	4
即发干酵母	2.5	1
清水	195	78
黄油		60g
精制细砂糖		60g

预先准备

● 调节水温。Q80
● 将黄油室温软化。Q42
● 在醒发用的大盆及烤盘表面均匀涂抹起酥油。

揉好的面团温度	26℃
基础醒发	60min（30℃）+30min（30℃）
分割	4等分
中间醒发	20min
最后醒发	50min（38℃）
烘焙	15min（220℃）

和面、基础醒发、分割、搓圆

1 按照与山形吐司（P38）操作步骤1~30相同的方法和面并使面团醒发。按照与山形吐司操作步骤31~33相同的方法将面团4等分。按照与步骤34~37相同的方法，搓圆面团后将其摆放在铺有布的面板上。

※在排气、分割、成形的工序中，面团发黏时，有必要在面团及面板上撒适量的扑面。Q75

Q71什么叫面包材料配比？
➡P149

Q80如何较好地决定和面水的温度？
➡P152

Q42将黄油室温软化，黄油呈现何种状态为最佳？
➡P141

中间醒发 Q128

2 将面团放入醒发器，让面团醒发20min。Q130

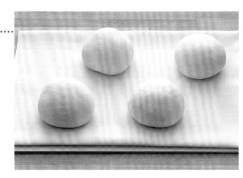

Q75什么是扑面？
➡P151

Q128为什么有必要进行中间醒发？
➡P173

Q130中间醒发结束的断定方法。
➡P174

成形

3 用手掌按压面团，除去面团内的气体。

4 使面团光滑饱满的一面朝下，将面团的较远端向中间折入 1/3，用指尖按压面团折入部分的末端，使其与面团紧紧地粘在一起。

※用指尖用力按压面团，会使其表面残留压痕，这种压痕不易消失，从而使面团表面变得凹凸不平。

5 将折后面团左右两侧出现的棱角向中间折入，并加以按压，使其与面团紧紧地粘在一起。

关键点 如图所示，沿虚线进行翻折。

Q132 成形时，为什么要搓捏、按压接合处？
→P175

6 对折面团。用手掌根按压对折的末端，使接合处闭合。^Q132

7 一边轻轻地向下按压面团，一边对其进行搓滚。调整面团形状，使其变得中间粗、两端细。

※双手的小指稍稍向下来支撑手掌，使手掌保持倾斜，滚动面团使其两端变细。

8 使步骤 6 中的接合处朝下，^{Q133} 将面团摆放在烤盘上。^{Q134}

Q133 为什么要使接合处朝下来摆放面团？
➡P175

Q134 将面团摆放在烤盘上时，有什么需要注意的地方？
➡P175

最后醒发

9 将面团放入醒发器，在 38℃ 的温度下醒发 50min。^{Q113}

Q113 最后醒发结束的断定方法。
➡P166

烘焙

10 用剪刀在面团中央纵向切开一条长线，再用剪刀在这条长线的两边切入若干短线。

※切入的刀痕深度应超过面团厚度的一半。在烘焙过程中，面团裂口处会充分张开，黄油及精制细砂糖会完全融入面团，面团本身也能够受热均匀。

11 在面团切口处放入黄油块并撒上细砂糖。

12 喷雾，使面团表面微微润湿。^{Q139} 将烤箱预热至 220℃，烤制 15min。^{Q145} 之后，将餐包放在冷却架上凉凉。^{Q147}

Q139 喷雾后再进行烘焙，对面包有何影响？
➡P177

Q145 按配方上标明的温度与时间对面包进行烘焙，结果面包烤焦了。这是为什么？
➡P180

Q147 为什么烘焙结束后要立即拿出烤盘，从面包模中取出面包？
➡P180

法式面包

这款面包是采用最基本的原料——面粉、盐、酵母及清水加工而成的，

是干硬面包系列的代表。

它通过采用简单的配方，原汁原味地传达出小麦的香浓。

外表酥脆的面包皮加上内部糯软的面包瓤，

两种完全不同的口感，带给人无限的享受。

材料（2个）

	重量（g）	面包材料配比(%)^{Q71}
法式面包用粉	250	100
盐	5	2
即发干酵母	1	0.4
麦芽精	1	0.4
清水	185	74

※若即发干酵母为低糖面团兼用类型，^{Q20}则所需的量为1.5g。

预先准备

●调节水温。^{Q80}

●在醒发用的大盆内壁均匀涂抹起酥油。

揉好的面团温度	24℃
基础醒发	10min（28℃）+ 80min（28℃）+ 90min（28℃）
分割	2等分
中间醒发	20min
最后醒发	60min（32℃）
烘焙	25min（240℃）

和面

1 在大盆内加入法式面包用粉。^{Q168}

2 从清水中取出适量，作为调整水。^{Q78}

3 从步骤2剩余的水中取出少量水，加入麦芽精里，溶解稀释。将稀释后的麦芽精溶液重新倒回盛装剩余水的大碗中，^{Q47，Q49}并进行混合搅拌。

※因为麦芽精本身有黏度且用量极少，所以应仔细地用指尖混合搅拌，使麦芽精充分溶解。

4 把步骤3中的液体倒入步骤1中的面粉里，用手搅拌混合。^{Q86}

7min

Q71 什么叫面包材料配比？
➡ P149

Q20 酵母分哪几种？
➡ P130

Q80 如何较好地决定和面水的温度？
➡ P152

Q168 选择法式面包用粉的技巧是什么？
➡ P189

Q78 什么是和面水、调整水？
➡ P152

Q47 什么是麦芽精？
➡ P143

Q49 若没有麦芽精，该怎么办？
➡ P144

Q86 加水后立即和面，这种做法好不好？
➡ P154

5 面渣逐渐减少，面团开始堆积形成。

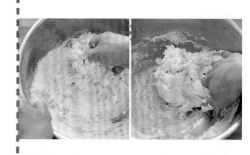

Q99 为什么要把粘在手上及刮板上的面团刮取干净？
➡P160

6 要不断地刮下粘在手上及大盆上的面渣，并进行揉捏，^{Q99} 直至整个面团的面质均匀细腻为止。

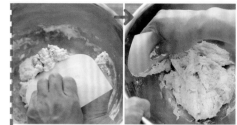

Q170什么是二次和面？
➡P189

7 搅拌混合、搓捏成团，直至面渣逐渐消失、面团稍微发黏为止。同时也要将粘在手上及大盆上的面渣刮取干净。

※在二次和面前，尽量提前将水和面混合在一起，注意不要起面渣。^{Q170}

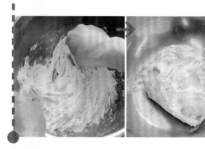

Q171在二次和面之前，为什么要把即发干酵母撒在面团表面？
➡P190

8 在面团上撒入即发干酵母，^{Q171}并用保鲜膜将盛放面团的大盆密封，以防面团风干。

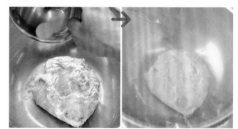

9 在室温下让面团静置 20min（二次和面）。

※二次和面前后，面团外观上虽未发生较大变化，但整个面团内部却变得十分松弛。为了使面团表面膨胀饱满，则应在二次和面之前将面团撕碎，在二次和面之后充分拉伸面团。

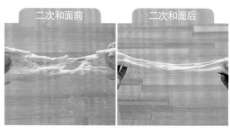

二次和面前　　二次和面后

10 将面团从大盆中取出后放在面板上，压平面团后在其表面撒上盐。

11 将面团展开铺于面板上，用两手掌大幅度、前后不断地搓擦面团，同时也使面团与面板之间形成持续摩擦。^{Q89，Q91}

※面团虽大致形成，但质地并不均匀，面中某些地方仍存有面疙瘩。总之，要继续揉捏直至整个面团质地均匀、细腻为止，同时，酵母与盐也要不起泡地混入面团之中。

Q89 揉面时，为什么要将面团在面板上搓擦、拍打？
➡ P155

Q91 手工和面时，揉捏到何种程度为最佳？
➡ P157

12 一边加入步骤2中获取的调整水，一边确认面团的软硬度。^{Q83，Q84} 然后接着搅拌混合。

Q83 何时加入调整水面团效果最佳？
➡ P153

Q84 可以一次性用完所有调整水吗？
➡ P153

13 在揉面过程中，如果面团粘在面板上且过于稀薄分散，则应用刮板剔除，之后将其团在一起。而粘在刮板和手上的面也需剔除下来，重新放到面板上进行揉捏。同时，也使其与面板发生摩擦。^{Q169}

Q169 在法式面包的和面过程中，为什么不能拍打面团？
➡ P189

14 像步骤13一样，一边刮下粘在手上及刮板上的面团，一边揉面，直到整个面团质地均匀、富有延展性为止。

※因面团尚处于稀软状态，所以到和面结束还需要反复数次地来刮下面团并进行面的揉捏。随着面团中的疙瘩逐渐消失，面团外观变得光滑细腻、质感也变得柔软起来。此时，若继续揉捏面团，还会使面团的延展性得到增强。

15

让面团均摊铺展在面板上，由较近端起向上抬起，直至面团与面板分离。

※面团未产生弹力之前，即使向上提拉，面团也不会离开面板，而是会发生断裂。随着面团本身弹性逐渐增加，此时再向上提拉，则面团渐渐与面板发生分离。

16

继续揉捏面团，面团外观会显得更加光滑细腻，延展性也不断增强。

17

刮集面团，将面团主体由较近端起向上抬起，直至面团与面板发生分离。

※即使面板上残存少量面渣也无关紧要，面团同样能与面板分离干净。假使此时结束面团的揉捏，在醒发的过程中，进行两次面团的排气，会使面团产生更强的弹力。

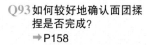

Q93 如何较好地确认面团揉捏是否完成？
➡P158

Q95 和面力度不足或过强，会分别产生什么情况？
➡P159

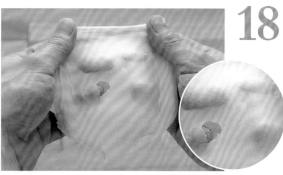

18

取出一小部分面团，用指尖拉长面团使之展开成薄片状，从而确定面团的质地。Q93, Q95

※虽然面团已富有弹力，能够自由伸长，但多少还有些起疙瘩的地方。通过对面团的揉捏，少许空气进入面团内，这一点可以从面团表面起的小气泡判断出来。但是因没有对面团进行拍打，所以气泡偏大。面团上拉破的小洞边缘呈微锯齿状。

19

手拿面团，搓圆直至面团表面变得光滑细腻。

※因为面团质地柔软发黏，所以可以通过两手轮流拿面团，灵活地利用面团本身所受的重力将面团搓在一起。

20

将面团放入大盆中，^{Q102} 测量揉好面团的温度。^{Q77} 其温度大致为 24℃。^{Q96}

Q102 用于盛放揉好后的面团的容器，其大小为多少较为合适？
➡P162

Q77 什么是揉好后的面团温度？
➡P151

Q96 揉好的面团未达到理想温度，怎么做才好？
➡P159

基础醒发

21

将面团放入醒发器中，^{Q57} 在 28℃的温度下醒发 10min。

※因为想要在醒发的早期阶段进行一次排气，所以此次醒发目的是将面团稍微放置片刻。

Q57 什么是醒发器？
➡P145

排气^{Q114、Q118}（第一次）

22

在工作台上铺上一层布，^{Q63} 从大盆中取出醒发后的面团，倒扣在面板上。

Q114 为什么要进行排气？
➡P167

Q118 即便醒发后的面团不怎么膨胀，但只要过了醒发时间，就要对其进行排气处理。这种做法好不好？
➡P169

Q63 选用哪种质地的布盛放面团较为合适？
➡P147

23

从面团中心开始向外侧压平整块面团。^{Q115、Q116}

※为了使面团富有弹力，在第一次排气中，要用力按压面团。在排气、分割、成形的工序中，面团发黏时，有必要在面团及面板上撒适量的扑面。^{Q75}

Q115 排气时，为什么按压面团？
➡P168

Q116 每种面包的排气处理都相同吗？
➡P168

24

从面团左端 1/3 处起翻折，再从面团右端 1/3 处起翻折，进而再按压整个面团。

Q75 什么是扑面？
➡P151

25 从面团较远端 1/3 处起向内翻折，再由较近端 1/3 处起向外翻折，进而按压整个面团。

26 将面团光滑饱满的一侧朝上放置，搓圆后放回大盆中。

Q172 为什么法式面包的醒发时间比较长？
➡P190

Q104 如何断定面团醒发的最佳状态？
➡P162

基础醒发

27 重新放入醒发器，在 28℃ 的温度下再次醒发 80min。^{Q172、Q104}

排气（第二次）

28 按照与步骤 22~25 相同的方法，取出面团放在工作台上，进行排气处理。

※第二次排气是将面团从大盆中取出，轻轻按压完成后，再将面团翻折完成的过程。

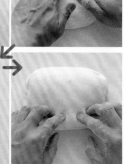

29 将面团光滑饱满的一侧向上放置,搓圆后放回大盆中。

基础醒发

30 将面团放入醒发器,在28℃的温度下,再次醒发90min。

分割

31 首先,测量连同醒发用大盆在内的面团的重量 A。
接着,从醒发的大盆中取出面团,使面团反扣在面板上。测量空盆的重量 B。从重量 A 中减去重量 B,得出面团的总重量。用面团的总重量除以 2,得出每块小面团的平均重量(面团重量为理想重量)。

32 目测,将面团 2 等分,^{Q120}测量每块小面团的重量(此重量为实际重量)。

Q120 分割时,为什么要用刮板对面团进行压切?
➡P169

Q121 为什么要均匀分割面团？
➡P170

33

调整面团重量。即对面团进行添加或切割，使得面团的实际重量与理想重量吻合。^{Q121}

※因为在接下来的工序中要把面团表面搓得很光滑，所以在面团分量足够的情况下，尽量避开用光滑的一面来摆放面团。

搓团

34

将面团光滑饱满的一侧向上放置，从面团较远端1/3处起向内翻折，进而轻轻按压面团的两端。

Q127 面团起裂，应该是什么状态？
➡P172

35

将面团光滑饱满的一侧向上放置，两手轻轻按压，把面团扒向离自己较近的一侧，使得面团表面膨胀、富有张力。

※因为面团质地松软，所以如果将面团扒得过紧，则面团容易发生断裂。^{Q127}面团的最佳状态为虽表面膨胀，但用指尖一掐仍存有压痕。为了使面团形成漂亮的棒状，尽量使面团的厚度相同。若面团表面产生大气泡，应轻轻地向下压，使气泡破裂。

36

将面团放在铺有布的面板上。

※在搓圆、成形的工序中，如果面团变得过于干燥，有必要在面团表面覆盖一层保鲜膜。

Q128 为什么有必要进行中间醒发？
➡P173

Q130 中间醒发结束的断定方法。
➡P174

中间醒发^{Q128}

37

将面团放回醒发器，让面团醒发20min。^{Q130}

成形

38 用手掌按压面团，对面团进行排气处理。

39 将面团表面光滑的一侧朝上放置，从面团较远端1/3处起向中间翻折，按压面团两端，使其紧紧地粘在一起。

40 将面团旋转180°后，从面团较远端1/3处起向内翻折，按压面团两端，使其紧紧地粘在一起。

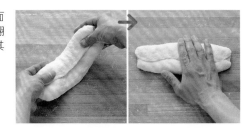

41 由较远端起将面团向中央折入一半，并用手掌根按压面团边缘使接合处闭合。 ^{Q132}

※因为用手掌根按压了面团末端，所以面团表面能够充分地膨胀起来。

侧视图 | 俯视图

Q132 成形时，为什么要搓捏、按压接合处？
➡ P175

42 一边向下轻压面团，一边对面团进行搓滚，使之成为长25cm的棒状面团。 ^{Q173}

※将面团抻长。首先用一只手搓细面团中央部分，然后用双手一边继续搓滚，一边由中央向两端拉伸面团。

Q173 不能较好地将面团搓成棒状，怎么办？
➡ P191

43 把布铺放在面板上，在较远端制作褶皱。

※面团因弹性不足，在醒发中易松弛，因此制作褶皱来保持面团的形状。褶皱的皱起要做得比面团平面高出2cm。

Q133 为什么要使接合处朝下来摆放面团?
➡P175

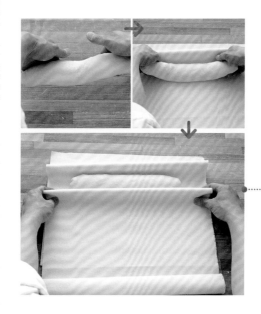

44 将步骤 41 中的接合处朝下来摆放面团，[Q133] 在较近端也需制作出褶皱。

> **关键点●**
> 在褶皱与面团中间，应留有细小的间隙。

45 按照步骤 38~42 的方法再做出一个棒状面团，使接合处朝下摆放，并在较近端制作褶皱。

Q113 最后醒发结束的断定方法。
➡P166

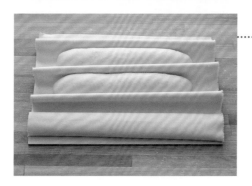

最后醒发

46 放入醒发器，在 32℃ 的温度下醒发 60min。[Q113]

※要特别注意：若醒发时间过长，烘焙前在面身上留有切痕，面团会松弛软缩下来。

烘焙

47 准备两张宽 8cm 、长 30cm 的烘焙纸，摆放在面板上。

※为了便于将面团移至烤盘上，要把面团摆放在烘焙纸上。

48 抻平布上的褶皱，在面团的附近斜着加入布料支撑（请参阅 P11）。另一只手连同布料在内翻转面团，使其倒扣在面板上。

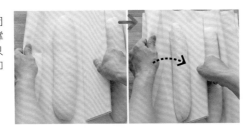

49 将面板放在步骤 47 中的烘焙纸的边缘处，并与之稍稍重合，反扣面板，将面团送至烘焙纸上。

50 在面团表面压入切痕。^{Q176, Q178}

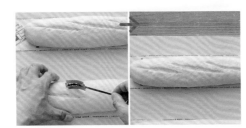

Q176 在面团上压入切痕时的秘诀是什么？
➡ P192

Q178 在面团上压入切痕时，有哪些需要注意的地方？
➡ P194

51 预热时，^{Q62} 连同烘焙纸一起将面团摆放在预热的烤盘上。^{Q134}

※烤盘太热，小心烫手。注意：因在醒发的面团上留有切痕，若遇到碰撞冲击，面团会很容易松弛软缩。

Q62 烤盘需要提前预热吗？
➡ P147

Q134 将面团摆放在烤盘上时，有什么需要注意的地方？
➡ P175

52 喷洒水雾，使面团表面微微湿润。^{Q139} 将烤箱预热至 240℃，烤制 25min。^{Q145}

※喷雾过量时，切痕内积水，烤制中切痕不易裂开。相反，若喷雾量不足，在烘焙的过程中，面团表面过早变干，压痕也不易裂开。

Q139 喷雾后再进行烘焙，对面包有何影响？
➡ P177

Q145 按配方上标明的温度与时间对面包进行烘焙，结果面包烤焦了。这是为什么？
➡ P180

53 从烤箱中取出面包，放在冷却架上凉凉。^{Q147}

Q147 为什么烘焙结束后要立即拿出烤盘，从面包模中取出面包？
➡ P180

培根麦穗面包

这是一款深受大众喜爱、家喻户晓的面包。

它既可以在法式面包面团中加入培根、芥末烘焙而成，又可以在此基础上进行深加工。

在面团中加入黑胡椒，为此面包增添一丝情趣。

材料（4个）

	重量（g）	面包材料配比（%）Q71
法式面包用粉	250	100
盐	5	2
即发干酵母	1	0.4
脱脂乳	1	0.4
清水	185	74
黑胡椒(粗颗粒)	1	0.4
培根(2mm厚)		4片
芥末粉		适量

※若即发干酵母为低糖面团兼用型，Q20则所需的量为1.5g。

预先准备

● 调节水温。Q80

● 在醒发用的大盆内壁均匀涂抹起酥油。

揉好的面团温度	24℃
基础醒发	10min（28℃）+ 80min（28℃）+ 90min（28℃）
分割	4等分
中间醒发	20min
最后醒发	50min（32℃）
烘焙	20min（240℃）

和面

1 按照与法式面包（P58)的制作步骤 1~18 相同的方法和面。然后摊开面团，在其表面撒上黑胡椒。

2 再用刮板反复刮摊开的面团，使其成团。

3 在面板上揉擦面团，使黑胡椒均匀地混入面团中。

※因为揉擦不会将黑胡椒碾碎，所以可以通过不断地揉擦面团来使黑胡椒均匀混入其中。

Q71 什么叫面包材料配比？
→ P149

Q20 酵母分哪几种？
→ P130

Q80 如何较好地决定和面水的温度？
→ P152

Q102 用于盛放揉好后的面团的容器，其大小为多少较为合适？
➡P162

Q77 什么是揉好后的面团温度？
➡P151

Q96 揉好的面团未达到理想温度，怎么做才好？
➡P159

Q57 什么是醒发器？
➡P145

4 按照与法式面包（P58）的制作步骤 19 相同的方法将面团揉圆，放入大盆中，^{Q102} 并测量揉好面团的温度。^{Q77} 其温度大致为 24℃。^{Q96}

基础醒发

5 将面团送入醒发器，^{Q57} 在 28℃的温度下醒发 10min。

※因为想要在醒发的早期阶段进行一次排气处理，所以此次醒发的目的是使面团松弛一下。

Q114 为什么要进行排气？
➡P167

Q118 即便醒发后的面团不怎么膨胀，但只要过了醒发时间，就要对其进行排气处理。这种做法好不好？
➡P169

Q116 每种面包的排气处理都相同吗？
➡P168

Q75 什么是扑面？
➡P151

排气 $^{Q114, Q118}$ （第一次）

6 按照与法式面包（P58）的制作步骤 22~25 相同的方法进行排气处理。^{Q116}

※在排气、分割、成形的工序中，面团发黏时，有必要在面团及面板上撒适量的扑面。^{Q75}

7 把面团翻过来，使干净光滑的表面朝上，搓圆后放回大盆中。

Q172 为什么法式面包的醒发时间比较长？
➡P190

Q104 如何断定面团醒发的最佳状态？
➡P162

基础醒发

8 重新放入醒发器，在 28℃的温度下再次醒发 80min。$^{Q172, Q104}$

排气（第二次）

9 按照与法式面包（P58）的制作步骤28相同的方法，对面包进行排气处理。

10 把面团翻过来，使干净光滑的表面朝上，搓圆后放回大盆中。

基础醒发

11 重新放入醒发器，在28℃的温度下再次醒发90min。

分割、成团

12 按照与法式面包（P58）的制作步骤31~33相同的方法，将面团4等分。按照与法式面包的制作步骤34、35相同的方法，将面团搓圆分割后摆放在铺有布的面板上。^{Q63}

Q63 选用哪种质地的布盛放面团较为合适？
➡ P147

中间醒发 ^{Q128}

13 重新放回醒发器，让面团醒发20min。^{Q130}

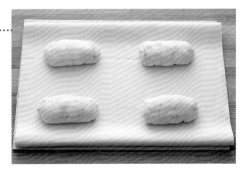

Q128 为什么有必要进行中间醒发？
➡ P173

Q130 中间醒发结束的断定方法。
➡ P174

14 用手掌按压面团，进行排气。

15 使面团光滑的一面朝下，并在面团上铺放一片培根，并涂抹芥末粉。

※若培根大小超过面团大小，则需轻轻抻拉面团增大其表面积。

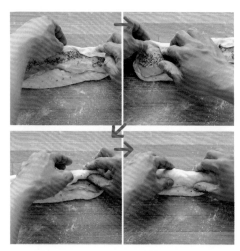

16 将面团边缘一点一点地向内卷入，进而将整个面团卷起。

※尽可能不留缝隙地卷面团。因为如果面团中混入了较多空气，则烘焙好的面包表面就会出现窟窿或呈现凹凸不平的状态。

Q132 成形时，为什么要搓捏、按压接合处？
➡ P175

Q173 不能较好地将面团搓成棒状，怎么办？
➡ P191

17 用手掌根按压面卷的末端，使接合处黏合。^{Q132}
一边轻轻向下按压面团，一边不断搓滚，使其成为长20cm的面棒。^{Q173}

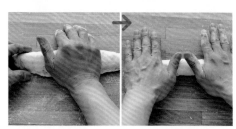

Q133 为什么要使接合处朝下来摆放面团？
➡ P175

Q134 将面团摆放在烤盘上时，有什么需要注意的地方？
➡ P175

18 将步骤17中的接合处朝下，^{Q133} 将面团摆放在烤盘上。^{Q134}

※先使面棒的中央部分与烤盘接触，然后一边确定棒身上的接合处是否处于正下方位置，一边放下面棒两端。在烤盘上等间距地摆放四根这样的面棒。

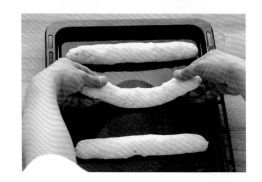

19

把剪刀以斜45°方向插入面身，剪切面团，并使切好的部分交错排列开来。

●关键点

如果切痕过浅，则面团不易分开。因此，在即将切断面团前，要将剪刀插入面身。

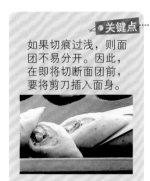

20

已成形的面团。

最后醒发

21

将面团放入醒发器，在32℃的温度下醒发50min。^{Q113}

Q113 最后醒发结束的断定方法。
➡ P166

烘焙

22

喷洒水雾，使面团表面保持湿润状态。^{Q139} 将烤箱预热至240℃，烤制20min。^{Q145} 之后放在冷却架上凉凉。^{Q147}

Q139 喷雾后再进行烘焙，对面包有何影响？
➡ P177

Q145 按配方上标明的温度与时间对面包进行烘焙，结果面包烤焦了。这是为什么？
➡ P180

Q147 为什么烘焙结束后要立即拿出烤盘，从面包模中取出面包？
➡ P180

葡萄干坚果棒

这是一款质地细密的面包，里面含有与面粉量几乎相同的足量坚果、葡萄干。

口感酥脆、坚果飘香，与葡萄干的醇甜浑然一体。

与美酒、奶酪一起吃，堪称绝配。

材料（12个）

	分量（g）	面包材料配比（%）[Q71]
法式面包用粉	250	100
盐	5	2
即发干酵母	1	0.4
脱脂乳	1	0.4
清水	185	74
加利福尼亚葡萄干	75	30
杏仁		75g
核桃		75g

※若即发干酵母为低糖面团兼用型，[Q20] 则所需的量为1.5g。

预先准备

●调节水温。[Q80]

●在醒发用的大盆及烤盘内涂抹起酥油。

●用温水冲洗加利福尼亚葡萄干，[Q53] 洗净后放在笸箩上充分晾干。

●将烤箱预热至150℃后，放入杏仁及核桃（杏仁切成两半，核桃切成4份），[Q52] 烤制10~15min。

揉好的面团温度	24℃
基础醒发	90min（28℃）+90min（28℃）
最后醒发	50min（32℃）
烘焙	10min（220℃）+8min（200℃）

和面

1 按照与法式面包（P58）的制作步骤1~18相同的方法和面。摊开面团后在其表面撒满葡萄干。用刮板反复刮摊开的面团，使葡萄干均匀地混入整个面团中。

※在面板上不断地揉擦面团，会使葡萄干挤碎。而仅通过折叠面团又不能使葡萄干充分混入面团。因此，为了使葡萄干与面团混合均匀，我们要不断地对面团进行撕扯、展开、揉捏等操作。

2 按照与法式面包（P58）的制作步骤19相同的方法搓圆面团后放入大盆中。[Q102] 测量揉好的面团的温度。[Q77] 其温度大致为24℃。[Q96]

基础醒发

3 将面团放入醒发器，[Q57] 在28℃的温度下醒发90min。[Q172, Q104]

Q71 什么叫面包材料配比？
➡P149

Q20 酵母分哪几种？
➡P130

Q80 如何较好地决定和面水的温度？
➡P152

Q53 为什么要将葡萄干用温水洗净后再使用？
➡P144

Q52 掺入面团内的坚果最好使用烘焙过的吗？
➡P144

Q102 用于盛放揉好后的面团的容器，其大小为多少较为合适？
➡P162

Q77 什么是揉好后的面团温度？
➡P151

Q96 揉好的面团未达到理想温度，怎么做才好？
➡P159

Q57 什么是醒发器？
➡P145

Q172 为什么法式面包的醒发时间比较长？
➡P190

Q104 如何断定面团醒发的最佳状态？
➡P162

排气 Q114

4 按照与法式面包（P58）的制作步骤 28 相同的方法进行排气处理。 Q116

※与法式面包不同，此款面包为了原汁原味地体现出葡萄干与坚果的口感，确保面团分量十足，仅进行一次排气即可。面团发黏时，有必要在面团及面板上撒适量的扑面。 Q75

5 把面团翻过来使光滑的表面朝上，搓圆后放回大盆中。

基础醒发

6 把面团重新放入醒发器，在 28℃的温度下醒发 90min。

成形

7 从大盆中取出面团，反扣在面板上。轻轻拉扯面团使其成为正方形。

※面团发黏，粘在面团上的扑面就会渗入面身中。因此，为了防止上述情况发生，在面团成形时要多撒一些扑面。

8 将面团由中央向较远端擀压。接着，再由中央向较近端擀压。重复此动作，擀成长 35cm、宽 25cm 的面团。

※在该操作过程中，如果面团紧紧地粘在面板上，则要用擀面杖卷起擀好的面团并撒上扑面。

9 在较近端的一半面团上撒满杏仁和核桃仁，再将较远端的一半面团折在杏仁与核桃仁上。

10 用手按压面团，使其与坚果融合在一起。撒上扑面，再用擀面杖轻轻擀压，调整面团形状。

※因坚果十分坚硬，若用力擀压，会使面团发生破裂。此点应十分注意。擀压的程度应控制在透过面团可隐约看到坚果即可。

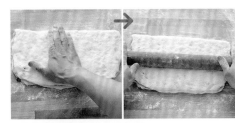

11 用菜刀向下压切面团，将其2等分。

※先从中央切开面团将其2等分。对切后的两块面团再分别进行2等分，进而将分切后的每份面团3等分。这种分切方法比从一端开始切分更容易得到均分的12份面团。

12 重复多次拧长面团，使其长度达到20cm。等间距地摆放在烤盘上。Q134, Q135

※拧后的面团形状即将收缩复原时，要轻轻按压面团两端，使其紧紧地粘在烤盘上。

Q134 将面团摆放在烤盘上时，有什么需要注意的地方？
➡P175

Q135 结束成形工序的面团太多，不能一次性全部进行烘焙。怎么办？
➡P175

最后醒发

13 将面团放入醒发器，在32℃的温度下醒发50min。Q113

Q113 最后醒发结束的断定方法。
➡P166

Q139 喷雾后再进行烘焙，对面包有何影响？
➡P177

烘焙

14 喷洒水雾，使面团表面保持湿润状态。Q139 将烤箱预热至220℃，烤制10min。再将温度调至200℃，烤制8min。Q145 之后放在冷却架上凉凉。Q147

※喷洒水雾时，要保持面团表面仍粘有适量扑面。

Q145 按配方上标明的温度与时间对面包进行烘焙，结果面包烤焦了。这是为什么？
➡P180

Q147 为什么烘焙结束后要立即拿出烤盘，从面包模中取出面包？
➡P180

法味朵风

这款面包内加有足量的黄油和鸡蛋，因而味道醇厚，属于软面包类型。
虽然软面包种类繁多，但这种带头儿的法味朵风是其中最正统的类型。

材料（10个）

	重量（g）	面包材料配比（%）Q71
法式面包用粉	200	100
砂糖	20	10
盐	4	2
脱脂乳	6	3
黄油	100	50
即发干酵母	4	2
鸡蛋	50	25
蛋黄	20	10
清水	76	38
鸡蛋（烘焙用）	适量	

预先准备

● 调节水温。Q80
● 将呈冷却固体状态的黄油切成边长1cm的方块。使用前要放入冰箱内进行储存。Q182
　※因和面时间较长，为了防止揉好的面团温度过高，Q77应提前进行冷却处理。高温季节，不仅是黄油，所有的原料都应冷藏储存。
● 在醒发用的大盆内涂抹起酥油，在面包模内涂抹置于室温下已软化的黄油。
● 将烘焙用鸡蛋充分打散，并用滤茶网过滤。

揉好的面团温度	24℃
基础醒发	30min（28℃）
冷藏醒发	12h（5℃）
分割	10等分
中间醒发	20min
最后醒发	50min（30℃）
烘焙	12min（220℃）

和面

1 在大盆内加入法式面包用粉、砂糖、盐、脱脂乳以及即发干酵母，用打蛋器搅拌，使其均匀混合在一起。Q85

2 取适量清水，作为调整水。Q78 蛋液、蛋黄加入到剩下的清水中进行混合。

※因为蛋液和蛋黄会对面团产生一定作用，所以要使用刮板将蛋液及蛋黄一点不剩地加入其中。

3 把步骤2中的液体倒入步骤1中的混合物中，用手搅拌。Q86

※面渣会逐渐减少，面团开始堆积形成。

Q71 什么叫面包材料配比？
➡ P149

Q80 如何较好地决定和面水的温度？
➡ P152

Q182 提前冷却黄油的理由。
➡ P196

Q77 什么是揉好后的面团温度？
➡ P151

Q85 混合原料时，为什么要最后加入水？
➡ P154

Q78 什么是和面水、调整水？
➡ P152

Q86 加水后立即和面，这种做法好不好？
➡ P154

Q83 何时加入调整水面团效果最佳？
➡P153

Q84 可以一次性用完所有调整水吗？
➡P153

Q89 揉面时，为什么要将面团在面板上搓擦、拍打？
➡P155

Q91 手工和面时，揉捏到何种程度为最佳？
➡P157

Q99 为什么要把粘在手上及刮板上的面团刮取干净？
➡P160

4 一边加入步骤2中的调整水，一边确定面团的软硬程度，^{Q83、Q84} 再继续混合。

※把水加入残存面渣的地方，可使面团容易成团。

5 要不断搅拌混合，直到面渣消失、面团形成为止。取出和好的面团放在面板上。还要用刮板将粘在大盆内壁的面渣刮取干净。

6 将面团展开铺在面板上，用两手掌大幅度、前后不断地搓擦面团，同时也使面团与面板之间形成持续摩擦。^{Q89、Q91}

※面团虽然成形，但质地并不均匀，面身上的某些地方仍存有面疙瘩。总之，要继续进行揉捏，直至整个面团质地均匀、细腻为止。

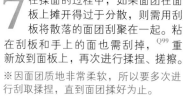

7 在揉面的过程中，如果面团在面板上摊开得过于分散，则需用刮板将散落的面团刮聚在一起。粘在刮板和手上的面也需刮掉，^{Q99} 重新放到面板上，再次进行揉捏、搓擦。

※因面团质地非常柔软，所以要多次进行刮取揉捏，直到面团揉好为止。

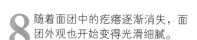

8 随着面团中的疙瘩逐渐消失，面团外观也开始变得光滑细腻。

※因为面团内加有许多蛋液和蛋黄，所以质地十分柔软且富有黏性。在这个阶段，面团也十分容易粘到手上及面板上。

9 要时常按照步骤7那样一边去除粘在面板、刮板及手上的面，一边继续揉捏面团，直至面团的边缘部分开始从面板上脱落下来（请参阅图中虚线所圈的部分）。

※面团开始产生弹力，逐渐给人一种厚实感。面团开始不再发黏，粘在手上的面团也逐渐减少。

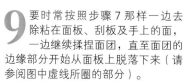

10 聚集面团，从面团两端开始提起面团，使整个面团脱离面板。

※面团产生弹力后就可以从面板上脱离下来。实际操作中，待面团变为此状态，就可以开始向面团中加入黄油了。

11 用刮板聚集分散的面团，成团后按压使其延展开。取1/3的黄油，放在展平的面团上，对折面团。^{Q87}

※因黄油的使用量过多，难于全部加入并进行混合，所以分为三次进行。

Q87 为什么要最后加入油脂类物质？
→P154

12 在面板上搓捏面团，使面团与黄油融合在一起，直至黄油块大部分看不到为止。

※要时常刮落粘在面板、刮板及手上的面团。

13 重复操作两次步骤11、12，将所有的黄油加入面团中，使两者融为一体。

※随着黄油逐渐融入面团，面团的弹力开始逐渐减弱，表面变得光滑细腻。因为加入了许多黄油，所以面团不粘手。

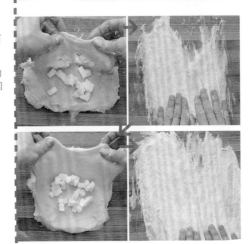

14 再一次在面板上搓擦面团并揉捏。这样，面团重新产生弹力，开始从面板上脱落下来，逐渐成团。

※一旦变为这种状态，就可将面团转移到面板上。

15 面团成团后将其放在面板上，两手轻轻地将面团扒至较近端，之后再翻折至较远端。

※一边不停地抖动手腕，一边拿起面团。之后，将面团朝面板打去，这样面团就会因为反作用力而变长。拍打初期，因面团较软，容易拉长，所以要十分注意拍打力度。

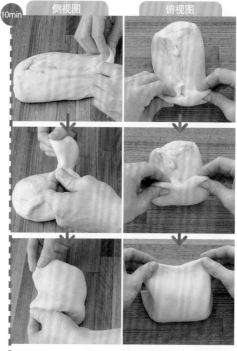

侧视图　俯视图

10min

16 从手持面团的位置起，逆时针方向旋转 90°，改变面团的方向。

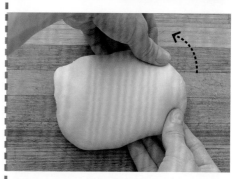

Q97 在手工和面的过程中，面团过于紧缩，不能顺利地进行揉捏。这种情况该怎么办？
➡P160

Q98 拍打、揉捏面团时，面团会破裂、出现小洞。怎么办？
➡P160

17 重复步骤 15、16，一边在面板上进行拍打，一边揉捏，使面团表面变得光滑细腻。Q97、Q98

※待面团产生弹力后就要加大力度进行拍打。迅速揉捏面团，防止黄油渗出。一旦黄油渗出，面团温度就会升高，此时应覆盖加有冰水的保鲜膜来冷却面团。

Q93 如何较好地确认面团揉捏是否完成？
➡P158

Q95 和面力度不足或过强，会分别产生什么情况？
➡P159

18 取出一部分面团，用指尖拉长面团，使之展开成薄片状，由此确认面团的揉捏状态。Q93、Q95

※若将面团抻平后，能够达到透过面皮可隐约看到指纹的程度，则可认为揉捏工序完成。

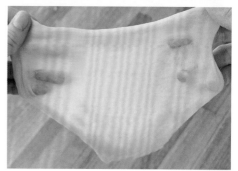

19 使面团成团，两手轻轻地将面团扒至较近端，使面团表面膨胀起来。

20 改变面团方向，旋转90°，继续扒面团。重复此动作，调整面团形状，使面团表面鼓起来。

21 将面团放入大盆中，^{Q102}测量揉好的面团温度。大致为24℃。^{Q96、Q183}

※面团内黄油含量过多。若揉好的面团温度偏高，黄油就会熔化并从中渗透出来。

基础醒发

22 将面团放入醒发器，^{Q57}在28℃的温度下醒发30min。

※因为排气后要进行冷藏醒发，所以在早期阶段不要再进行醒发，直接进行排气，直至面团松弛。

Q102 用于盛放揉好后的面团的容器，其大小为多少较为合适？
➡P162

Q96 揉好的面团未达到理想温度，怎么做才好？
➡P159

Q183 法味朵风的面团揉捏完成时温度会上升。怎样控制这种情况的发生？
➡P196

Q57 什么是醒发器？
➡P145

23
从大盆中取出面团，将其反扣在面板上。

※在排气、分割、成形的工序中，面团发黏时，有必要在面团及面板上撒适量的扑面。Q75

24
由中央向外侧按压整块面团。Q115、Q116

25
将面团的左侧向右折入1/3，接着，再将右侧向左折入1/3，按压折后的整块面团。

26
将面团的较远端向中间折入1/3，再将面团的较近端向内折入1/3。

27　把面团翻过来，使干净细腻的一面朝上，放入方平底盘中。向下充分压平面团。将盛装面团的底盘套上保鲜膜。

※为了使整块面团较早地均匀冷却，需将面团厚度按压均匀。用导热性好的金属制方平底盘盛装，迅速地冷却面团。

冷藏醒发 Q184

28　在5℃的冰箱中放置12h。

※面团冷却变硬后可使操作变得简单轻松。在面团冷却之前尽量控制冰箱的开与关，从而达到控制面团温度的目的。醒发时间在8~16h即可。

Q184为什么要对法味朵风的面团进行冷藏醒发？
➡P196

分割

29　用刮板从方平底盘中取出面团，进行称重。总重量除以10，得出每一小份面团的重量。

30　使面团干净细腻的一面朝下，摆放在工作台上，用手掌向下轻轻地按压。

31　首先，分别翻折面团的较远端和较近端，形成三折。接着，翻转面团，使接合处向下并用手压平面团。

※为了使分割面团的工作变得轻松简单，要不断调整面团形状和厚度，而在冷藏醒发中松弛下来的面团，其弹力也可在这个过程中得到恢复。

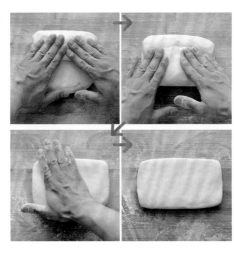

Q120 分割时，为什么要用刮板对面团进行压切？
→P169

32 切取整根面团的大致1/10，[Q120]称重。

Q121 为什么要均匀分割面团？
→P170

33 以在步骤29中计算得出的每份面团的重量为标准，调整面团重量。[Q121]

Q185 为什么要在中间醒发前压平法味朵风的面团？
→P197

34 使面团干净光滑的表面朝上。在重量调整中，若有足够多的小面团，粘在底部之后向下轻轻压平。[Q185]

※在中间醒发过程中，要使所有面团的厚度相同、面团保持松弛状态。

Q63 选用哪种质地的布盛放面团较为合适？
→P147

35 将面团摆放在铺有布的面板上并覆盖一层保鲜膜。[Q63]

中间醒发

36 在室温下，让面团醒发20min。

※为了使面团的内侧与外侧不产生明显的温度差，要缓慢地提高面团的温度。有些情况下，需要让面团醒发30min。

37 面团的最佳状态为质地柔软、温度均匀。

※将温度计由面团的侧面插入中央，正确测量面团的温度。面团的中心温度最好在18~20℃。

成形

38 用手掌按压面团，进行排气处理。使干净光滑的表面朝上，用一只手盖住面团。

※尽快完成所有面团的成形工序，防止因为手上温度的原因使面团内的黄油熔化溢出。

39 握住面团的右手进行逆时针方向旋转（若用左手握住面团，则进行顺时针方向旋转），搓圆面团，使其表面鼓起来。 Q123, Q124

※充分搓圆直至面团鼓起来。在搓圆、成形的工序中，若放置的面团变得过于干燥，则有必要在面团上覆盖一层保鲜膜。

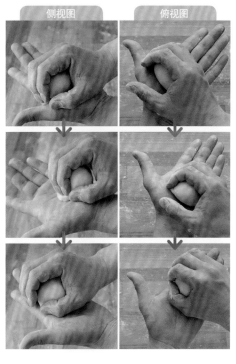

侧视图　俯视图

Q123 面团搓圆的秘诀以及搓圆后面团应达到的最佳程度。
➡ P170

Q124 搓圆时，为什么还要使面团表面鼓起来？
➡ P171

40 捏紧接合处并将面团摆放在布上。 Q132 覆盖保鲜膜，让面团在室温下静置直至面团发起来。

※通过使面团静置，可以增强面团的延展性，使成形变得容易。面团醒发的程度大致为：用手指按压面团，离开后仍残留少许压痕。

Q132 成形时，为什么要搓捏、按压接合处？
➡ P175

41 将面团横放在面板上，使手掌竖起，用小指的一侧在离面团黏结处 2/3 距离的地方前后搓滚，使搓滚处的面团变细。

※在头部的面团被揪下的前一秒停止，让连接的部分变得很细。

42 将大面团放入模具内，然后手捏头部面团并向上提拉。提拉后再将头部面团按入大面团的中心内。

※提拉时注意不要将大面团与小面团的黏结处弄断。按压时，指尖一直下压至模具底部为止。

Q134 将面团摆放在烤盘上时，有什么需要注意的地方？
→P175

43 将面团摆放在烤盘上。 Q134

Q113 最后醒发结束的断定方法。
→P166

最后醒发

44 将盛装面团的烤盘放入醒发器，在 30℃ 的温度下醒发 50min。 Q113

※若温度较高，黄油就容易熔化渗出，烤制出的面包就不会成形。

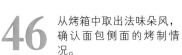

烘焙

45 在面团的表面涂抹上蛋液，^{Q142, Q143} 将烤箱预热至220℃，烤制12min。^{Q145}

※手持模具涂抹可使操作简单一些。涂抹时，注意不要使模具内、大面团与小面团的交界处残留蛋液。

46 从烤箱中取出法味朵风，确认面包侧面的烤制情况。

47 手拿模具在面板上轻轻磕碰，这样面包就会立刻从模具中倒出。^{Q147}

48 将面包放在冷却架上凉凉。^{Q186, Q187}

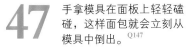

Q142 如何完美地涂抹蛋液？
→ P179

Q143 涂抹蛋液时，有哪些需要注意的地方？
→ P179

Q145 按配方上标明的温度与时间对面包进行烘焙，结果面包烤焦了。这是为什么？
→ P180

Q147 为什么烘焙结束后要立即拿出烤盘，从面包模中取出面包？
→ P180

Q186 法味朵风头部与面体的分界线不明显，这是什么原因造成的？
→ P197

Q187 为什么烘焙好的法味朵风头部发生了倾斜？
→ P197

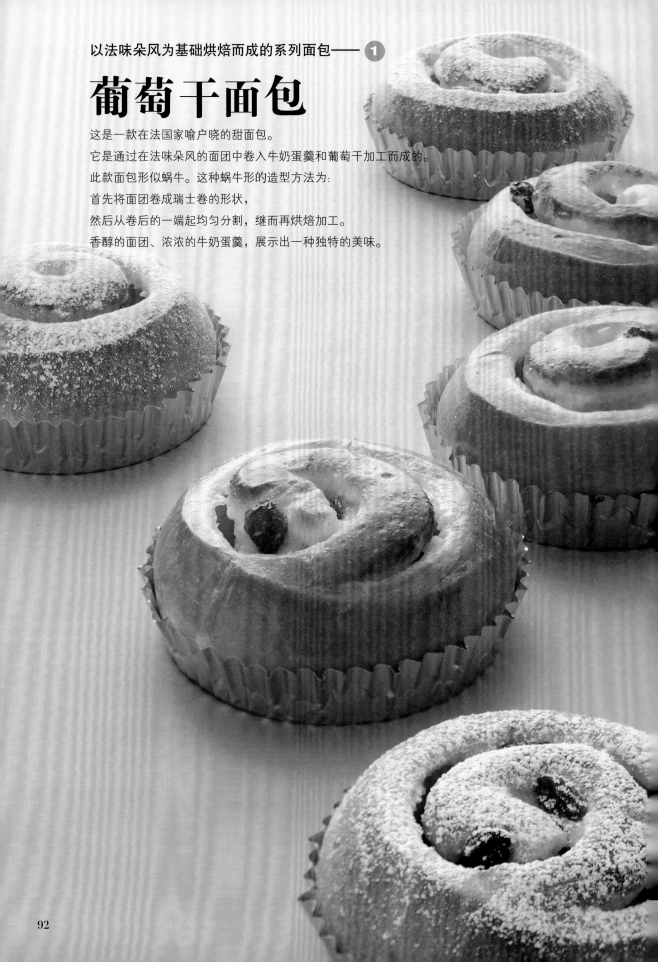

以法味朵风为基础烘焙而成的系列面包—— 1

葡萄干面包

这是一款在法国家喻户晓的甜面包。

它是通过在法味朵风的面团中卷入牛奶蛋羹和葡萄干加工而成的。

此款面包形似蜗牛。这种蜗牛形的造型方法为：

首先将面团卷成瑞士卷的形状，

然后从卷后的一端起均匀分割，继而再烘焙加工。

香醇的面团、浓浓的牛奶蛋羹，展示出一种独特的美味。

材料（8个）

	重量（g）	面包材料配比（%）[Q71]
法式面包用粉	200	100
砂糖	20	10
盐	4	2
脱脂乳	6	3
黄油	100	50
即发干酵母	4	2
鸡蛋	50	25
蛋黄	20	10
清水	76	38
牛奶蛋羹		120g
苏丹娜葡萄干		50g
鸡蛋（烘焙用）		适量
细砂糖		适量

※制作牛奶蛋羹的方法请参阅P95。
※铝盒的尺寸为底部直径9cm、高2cm。

预先准备

● 调节水温。[Q80]
● 将呈冷却固体状态的黄油切成边长1cm的方块。使用前要放入冰箱内储存。[Q182]
　※因和面时间较长，为了防止揉好的面团温度过高，[Q77]应提前冷却放置。高温季节，不仅是黄油，所有的原料都应冷藏储存。
● 在醒发用的大盆内涂抹起酥油。
● 将烘焙用的鸡蛋充分打散，并用滤茶网过滤。
● 用温水冲洗苏丹娜葡萄干，[Q53] 洗净后放在笸箩上，充分晾干。

揉好的面团温度	24℃
基础醒发	30min（28℃）
冷藏醒发	12h（5℃）
分割	8等分
最后醒发	40min（30℃）
烘焙	12min（210℃）

和面、基础醒发、冷藏醒发[Q184]

1 按照与法味朵风（P80）的制作步骤1~28相同的方法和面、基础醒发、排气、冷藏醒发。
※在排气、成形的过程中，面团发黏时，有必要在面团及面板上撒适量的扑面。[Q75]

成形

2 取出面团后放在工作台上，用掌心压平。先从面团中央起向较远端擀压，再由中央向较近端擀压。一边改变面团的方向，旋转90°，一边重复上述操作，将面团擀压成边长为24cm的正方形。若面团的四角变圆，则要从面团的中央开始以斜45°的方向擀压，使四角呈现出来，尽量接近正方形。
※尽量快速地擀压。若面团过于稀软，则应放入冰箱冷却。

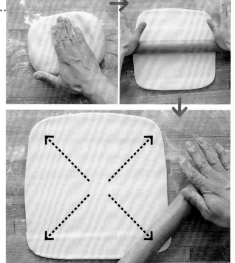

Q71 什么叫面包材料配比？
➡P149

Q80 如何较好地决定和面水的温度？
➡P152

Q182 提前冷却黄油的理由
➡P196

Q77 什么是揉好后的面团温度？
➡P151

Q53 为什么要将葡萄干用温水洗净后再使用？
➡P144

Q184 为什么要对法味朵风的面团进行冷藏醒发？
➡P196

Q75 什么是扑面？
➡P151

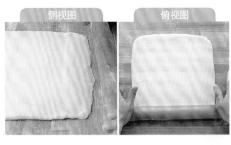

側視圖　　　俯視圖

3 掸掉面团上多余的面粉，使干净细腻的表面朝上，从较近端起擀薄面团。

4 在擀薄的面团上涂抹牛奶蛋羹。

※为了便于涂抹，要提前用刮板搅拌牛奶蛋羹，使其变软。

5 将苏丹娜葡萄干分散撒在面团上，在擀薄的边缘处用毛刷蘸水涂抹。

Q132 成形时，为什么要搓捏、按压接合处？
➡ P175

6 从较远端向较近端一点一点地卷起面团后，用力压紧面卷的末端。_{Q132}

※卷面团时注意面层间不要留有空隙。

7 轻轻搓滚面团，使其厚度均匀。测量整条面团长度，平分8份，做上标记。用菜刀自上而下均匀压切，并调整面团形状。

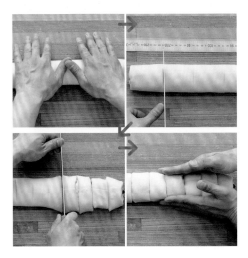

8 将面团分别放入铝盒后摆放在烤盘上，^{Q134, Q135} 从上向下按压每个面团。

※为了使面包烘焙出的颜色和受热程度均匀，要尽量压平面团，使其高度相同。

9 已成形的面团。

最后醒发

10 将面团放入醒发器，在30℃的温度下醒发40min。^{Q113}

※若温度过高，黄油会熔化渗出，烤制出的面包不会成形。

烘焙

11 面团表面涂抹蛋液。^{Q142, Q143} 将烤箱预热至210℃，烤制12min。^{Q145} 取出后放在冷却架上凉凉。^{Q147} 待到完全冷却，在表面撒上一层细砂糖。

※面团的上面及侧面都需涂抹一层蛋液。

Q134 将面团摆放在烤盘上时，有什么需要注意的地方？
➡P175

Q135 结束成形工序的面团太多，不能一次性全部进行烘焙。怎么办？
➡P175

Q113 最后醒发结束的断定方法。
➡P166

Q142 如何完美地涂抹蛋液？
➡P179

Q143 涂抹蛋液时，有哪些需要注意的地方？
➡P179

Q145 按配方上标明的温度与时间对面包进行烘焙，结果面包烤焦了。这是为什么？
➡P180

Q147 为什么烘焙结束后要立即拿出烤盘，从面包模中取出面包？
➡P180

牛奶蛋羹

材料（约300g）

低筋粉··········25g
牛奶··········250g
香草豆荚··········1/4根
蛋黄··········60g
砂糖··········75g

① 将香草豆荚纵向切开，取出种子。

② 在锅中放入牛奶、香草豆荚和种子，用中火加热至沸腾。

③ 将蛋黄倒入大盆中，用打蛋器打散，加入砂糖，充分搅拌混合直至蛋液变白。

④ 向步骤③的蛋液中加入低筋粉，搅拌混合，并将步骤②中的牛奶一点点加入并搅拌。

⑤ 一边过滤步骤④中的液体，一边将滤液倒入加热牛奶的锅中，并用中火小煮。用打蛋器混合并加热使之沸腾，充分地熬煮。

⑥ 液体呈现富有光泽的柔滑状态时，倒入平底盘中。表面覆盖保鲜膜，放入冰水中冷却。

香橙巧克力法味朵风

清爽酸涩的香橙和巧克力融在一起，堪称绝配。

香橙与巧克力在烘焙界也是难得的搭配用料。

这款面包外表酥脆、内瓤松软，在湿润的环境中烘焙而成。

材料（8个）

	重量（g）	面包材料配比(%) Q71
法式面包用粉	200	100
砂糖	20	10
盐	4	2
脱脂乳	6	3
黄油	100	50
即发干酵母	4	2
鸡蛋	50	25
蛋黄	20	10
清水	76	38
橘子皮	20	10
巧克力豆	40	20
杏仁粉		30g
细砂糖		30g
蛋白		30～35g
细砂糖（装饰用）		适量

※纸盒的大小为底部直径6.5cm、高5cm。

预先准备

● 调节水温。 Q80
● 将呈冷却固体状态的黄油切成边长1cm的方块。使用前放入冰箱内储存。 Q182
　※因和面时间较长，为了防止揉好的面团温度过高， Q77 应提前冷却放置。高温季节，不仅是黄油，所有的原料都应冷藏储存。
● 将橘子皮切成边长2mm的方块形。
● 在醒发用的大盆内涂抹起酥油。

揉好的面团温度	24℃
基础醒发	30min（28℃）
冷藏醒发	12h（5℃）
分割	8等分
中间醒发	20min
最后醒发	60min（30℃）
烘焙	14min（190℃）

和面

1 按照与法味朵风（P80）的制作步骤1~18相同的方法和面。展开面团，在整个面团上撒入橘子皮、巧克力豆。

2 用刮板刮面团，使其团在一起。

3 在面板上揉擦面团，使加入的橘子皮、巧克力豆等与面团混合均匀。

※快速地进行此步骤，避免巧克力豆因手掌温度和摩擦生热而熔化。

Q71 什么叫面包材料配比？
➡ P149

Q80 如何较好地决定和面水的温度？
➡ P152

Q182 提前冷却黄油的理由。
➡ P196

Q77 什么是揉好后的面团温度？
➡ P151

Q102 用于盛放揉好后的面团的容器，其大小为多少较为合适？
➡P162

Q96 揉好的面团未达到理想温度，怎么做才好？
➡P159

Q183 法味朵风的面团揉捏完成时温度会上升。怎样控制这种情况的发生？
➡P196

Q57 什么是醒发器？
➡P145

4 按照与法味朵风（P80）的制作步骤 19、20 相同的方法搓圆面团后放入大盆中，^{Q102} 并测量面团揉好时的温度。理想温度为 24℃。^{Q96、Q183}

基础醒发

5 将面团放入醒发器，^{Q57} 在 28℃ 的环境下醒发 30min。

※因为排气后要进行冷藏醒发，所以在早期阶段不要再进行醒发，直接排气，直至面团松弛。

Q114 为什么要进行排气？
➡P167

Q75 什么是扑面？
➡P151

排气 Q114

6 按照与法味朵风（P80）的制作步骤 23~26 相同的方法对面团进行排气。

※在排气、分割、成形的工序中，面团发黏时，有必要在面团及面板上撒适量的扑面。^{Q75}

7 把面团翻过来，使光滑细腻的表面朝上放入方平底盘中。向下压平面团后用保鲜膜将其包裹起来。

※为了使整块面团较早地均匀冷却，需将面团厚度按压均匀。用导热性好的金属制方平底盘盛装，迅速地冷却面团。

Q184 为什么要对法味朵风的面团进行冷藏醒发？
➡P196

冷藏醒发 Q184

8 在温度为 5℃的冰箱内冷藏醒发 12h。

※面团冷却变硬可使操作变得简单轻松。尽量控制冰箱的开与关，直至面团冷却为止，从而达到控制面团温度的目的。醒发时间在8~16h即可。

分割

9 按照与法味朵风（P80）的制作步骤 29~33 相同的方法，将面团 8 等分。

10 使面团光滑的表面朝上。在重量调整中，若有足够多的小面团，粘在底部之后向下轻轻压平。^{Q185}

※在中间醒发过程中，要使所有面团的厚度相同，直至面团松弛起来。

Q185 为什么要在中间醒发前压平法味朵风的面团？
→P197

11 将面团摆放在铺有布的板子上，^{Q63} 覆盖一层保鲜膜。

Q63 选用哪种质地的布盛放面团较为合适？
→P147

中间醒发

12 在室温下，让面团醒发 20min。

※为了使面团的内侧与外侧不产生明显的温度差，要缓慢地提高面团的温度。有些情况下，需要让面团静置30min。法味朵风的最佳做法请参阅其步骤37。将温度计由面团的侧面插入中央，正确测量面团的温度。其中心温度最好在18~20℃。

成形

13 按照与法味朵风（P80）的制作步骤 38、39 相同的方法，搓圆面团。

14 在搓圆的过程中，取下露出的巧克力豆，粘在面团底部。

Q132 成形时，为什么要搓捏、按压接合处？
➡P175

15 用力地捏紧面团底部。^{Q132}

Q134 将面团摆放在烤盘上时，有什么需要注意的地方？
➡P175

Q133 为什么要使接合处朝下来摆放面团？
➡P175

16 将面团放入纸盒中，摆放在烤盘上。^{Q134}

➤关键点

接合处朝下放置面团。^{Q133}

Q113 最后醒发结束的断定方法。
➡P166

最后醒发

17 将面团放入醒发器中，在30℃的温度下醒发60min。^{Q113}

※若温度过高，则黄油容易熔化渗出，烤制完成的面包就不成形。

➤关键点

最好醒发至面团的最高处与纸盒平齐。

杏仁面糊

18 在最后醒发的这一段时间内，开始制作杏仁面糊。用打蛋器混合杏仁粉和细砂糖后用过滤器过滤。

19 取少量剩余的打散的蛋白，充分搅拌混合，不留面渣。

20 加入剩余的蛋白，调整进行面包涂抹时用的杏仁面糊的硬度。最佳状态为：用打蛋器捞取面糊时面糊会下落。

烘焙

21 在步骤17中的面团表面涂抹杏仁面糊。

22 撒入足量的细砂糖覆盖杏仁面糊表面，放置一段时间，使细砂糖溶入面糊内。

※撒细砂糖时注意在面团下铺一层纸，这样容易聚集撒落的细砂糖。

23 等到面团表面的细砂糖溶化，变为如图所示的半透明状态时，再次铺撒细砂糖，直至面团表面变白为止。将烤箱预热至190℃，烤制14min，^{Q145} 然后放在冷却架上凉凉。^{Q147}

※因为面团表面溶化的白色细砂糖已经变硬成形，所以要再次撒一层细砂糖，并趁着细砂糖未溶化将其放入烤箱中。

Q145 按配方上标明的温度与时间对面包进行烘焙，结果面包烤焦了。这是为什么？
➡P180

Q147 为什么烘焙结束后要立即拿出烤盘，从面包模中取出面包？
➡P180

法式羊角面包

酥脆的口感和黄油的风味，一直以来深受人们的喜爱。
这是一款在千层面团中折入足量黄油，
按照面包的做法加工而成的独特的面包。

材料（8个）

	重量（g）	面包材料配比（%）Q71
法式面包用粉	200	100
砂糖	20	10
盐	4	2
脱脂乳	6	3
黄油	20	10
即发干酵母	4	2
鸡蛋	10	5
清水	100	50
黄油（折入用）	100	50
鸡蛋（烘焙用）		适量

预先准备

● 调节水温。Q80
● 黄油在使用前放入冰箱内储存。
● 在醒发用的大盆内涂抹起酥油。
● 将烘焙用的鸡蛋充分打散，并用滤茶网进行过滤。

揉好的面团温度	24℃
基础醒发	20min（26℃）
冷藏醒发	12h（5℃）
折入	3折×3次（每一次在−15℃下静置30~40min）
最后醒发	60min（30℃）
烘焙	12min（220℃）

和面

1 从清水中取出适量，作为调整水。Q78 向剩余的水中撒入即发干酵母，放置一段时间。

※若和面时间较短且仅使即发干酵母与面粉提前混合的话，即发干酵母有可能不会溶解，所以应先用水来溶解即发干酵母。

Q71 什么叫面包材料配比？
➡ P149

Q80 如何较好地决定和面水的温度？
➡ P152

2 在大盆中加入法式面包用粉、砂糖、盐及脱脂乳，并用打蛋器搅拌，将这些原料混合在一起。Q85

Q78 什么是和面水、调整水？
➡ P152

Q85 混合原料时，为什么要最后加入水？
➡ P154

3 放入黄油，用刮板将黄油切碎。Q190 待黄油碎成边长7~8mm的小正方形块后，两手开始搓擦黄油与面粉，使二者融合在一起。

※趁黄油未熔化，迅速进行此步骤。因为之前已经对面粉和黄油进行了揉搓，所以揉捏面团时尽量地缩短时间，使面团不产生弹力。如果和面力度过大、面团的弹力过强，拉伸面团时，面团就会变得容易紧缩，折入的工作就会变得难于进行。

Q190 为什么要先放黄油再和面？
➡ P199

4 待步骤1中的即发干酵母溶解后，加入打散的蛋液并用打蛋器进行搅拌混合。

※虽然鸡蛋的用量与其他原料相比并不多，但对面团所起的作用并不小。因此，要用刮板聚集蛋液，尽量使其全部和入面团中。

Q86 加水后立即和面，这种做法好不好？
➡P154

5 把蛋液加入面团中，用手搅拌混合。 Q86

Q83 何时加入调整水面团效果最佳？
➡P153

Q84 可以一次性用完所有调整水吗？
➡P153

6 一边确认面团的软硬度，一边加入调整水， Q83, Q84 再做进一步搅拌混合。

※把水加到面渣残留的地方，可使面团容易成团。

7 搅拌混合直至面渣逐渐消失，面团开始形成。将面团取出放在面板上。使用刮板将粘在大盆上的面刮取干净。

Q91 手工和面时，揉捏到何种程度为最佳？
➡P157

8 将面团展开铺于面板上，用两手掌大幅度、前后不断地搓擦面团，同时也使面团与面板之间形成持续摩擦。 Q91

※取出面放在面板上，面团虽然成形，但质地并不均匀，面身上的某些地方仍存有面疙瘩。总之要继续进行揉捏，但不要揉捏过度，直至整个面团质地均匀、细腻为止。

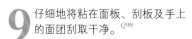

Q99 为什么要把粘在手上及刮板上的面团刮取干净？
➡P160

9 仔细地将粘在面板、刮板及手上的面团刮取干净。 Q99

10 使面团成团并由较远端向较近端翻折。

3min

11 用手掌根由较近端向较远端挤压面团。

侧视图　　俯视图

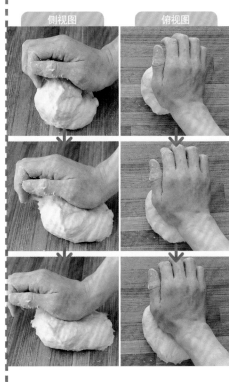

12 改变面团的方向，重复步骤 10、11，揉捏面团。

※虽然面团稍微发黏，但其表面变得光滑细腻了。

13 取部分面团用指尖拉伸，确认面团的质地如何。Q93, Q95

※因为面团过硬不易拉伸，所以用力一拉，面团立刻就会被拉破。因此，要揉捏至如图所示的程度。

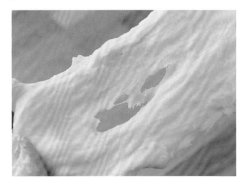

Q93 如何较好地确认面团揉捏是否完成？
➡P158

Q95 和面力度不足或过强，会分别产生什么情况？
➡P159

14 将面团搓圆，用手轻轻地扒至较近端，使面团表面鼓起来。

15 改变面团方向，旋转90°，搓圆面团。重复若干次，调整面团形状，使面团表面鼓起来。

Q102 用于盛放揉好后的面团的容器，其大小为多少较为合适？
➡P162

Q77 什么是揉好后的面团温度？
➡P151

Q96 揉好的面团未达到理想温度，怎么做才好？
➡P159

16 将面团放入大盆中，^{Q102} 测量面团揉好时的温度。^{Q77} 理想温度大致在 24℃。^{Q96}

Q57 什么是醒发器？
➡P145

基础醒发

17 将面团放入醒发器，^{Q57} 在26℃的温度下醒发 20min。

※因为排气后要进行冷藏醒发，所以在早期阶段不要再进行醒发，直接排气，直至面团松弛。

Q114 为什么要进行排气？
➡P167

排气 ^{Q114}

18 在面板上铺放保鲜膜，从大盆中取出面团，将其反扣在保鲜膜上。

19 由中央向外侧轻轻地按压整个面团，^{Q115} 使面团厚度均匀。

Q115排气时，为什么按压面团？
➡P168

20 用保鲜膜将面团包裹后放入方平底盘中。

※应使用能够使面团迅速冷却的、导热性好的金属底盘盛装面团。

冷藏醒发^{Q191}

21 将面团在温度 5℃的冰箱内放置12h。

※到面团冷却为止，要尽量控制冰箱的开与关，从而达到控制面团温度的效果。冷藏醒发时间在8~16h即可。

Q191为什么要在冰箱内进行法式羊角面包面团的醒发？
➡P199

折入用黄油的准备

22 在面板上撒上扑面，^{Q75} 放入呈冷却固体状态的黄油，同时黄油上也要充分粘上扑面。

※黄油逐渐变软，开始粘在面板和擀面杖上。因此，有必要撒适量的扑面。该扑面最好在冰箱内冷却后再使用。

Q75什么是扑面？
➡P151

23 手握擀面杖的一端，拍打整块黄油。^{Q193}

※当擀面杖的尖端放在黄油上时，黄油就会凹陷下去，整块黄油就会变形。操作时应特别注意这一点。

Q193黄油过硬，难于进行拍打。可以用微波炉将其稍微加热一下吗？
➡P200

▶ 关键点

手握擀面杖的一端可以轻松地拍打。手不放在面板上，操作也可顺利进行。

24

将黄油展开到一定程度后，把左右两端向内翻折。

25

将黄油片翻过来，改变方向旋转 90°。

26

重复步骤 23~25 若干次，使黄油软化。

※在此过程中，若黄油变得过于稀软，则需放入冰箱稍做冷却处理。

Q192 擀薄折入用黄油时，薄片黄油不能形成正方形。该怎么办？
➡P199

27

待黄油变软到用指尖按压后存有压痕的程度时，将其擀压成边长为 12cm 的正方形。^{Q192}

28

擀压后的黄油最佳状态为薄厚均匀、温度偏低，即使弯曲也不会折断。

※黄油太硬则不易拉伸。因此，在折入的过程中，黄油的边缘部分容易发生碎裂。若黄油过软则会与面团融在一起，使得面团无层次感。

折入

29

将步骤 21 中的面团放在面板上，用擀面杖擀压面团中央 1/3 的部分。

※在折入、成形的工序中，面团发黏时，有必要在面团和面板上撒适量的扑面。该扑面最好放在冰箱内提前进行冷藏处理。

30 改变面团方向，旋转 90°后擀压面团中央 1/3 的部分。

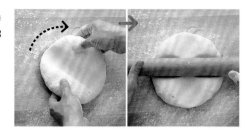

31 由面团中央起，沿斜 45°方向擀压出面团的四角，使其成为大致的正方形。

32 擀面团，使面团面积略大于黄油片面积，用毛刷掸去面团上多余的扑面。步骤28中多余的扑面也要用毛刷掸去。

※若扑面残留得过多，则不能够漂亮地分层。

33 将黄油片错开 45°放在面团上。

34 对于超出黄油片的面团部分，沿斜线分别进行折叠，重叠的面团部分用指尖按压，使其黏结在一起。

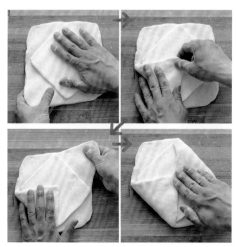

35

剩余面团也要按同样的方法进行翻折，之后捏紧重叠部分。

36

稍微拉伸面团的边缘，用力向下按压使黏结缝闭合，将黄油完全包裹在面团内。

Q195 在擀薄法式羊角面包面团的过程中，面团变软了。此时应该怎么做？
➡P201

37

先用擀面杖按压面团的较近端和较远端，然后继续擀压整个面团。接着用擀面杖擀压面团中央的 1/3 部分。再用擀面杖将面团由中央分别向较远端、较近端进行擀压。 Q195

※首先按压面团两侧，防止黄油位置发生偏移。在擀压的过程中若面团变得稀软，则需要用保鲜膜包住面团的四角并放入冰箱内进行冷藏。

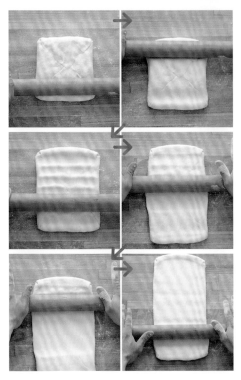

38

用擀面杖由中央分别向较远端及较近端反复擀压面团。使其延展成宽 14cm、长 42cm 的长方形，用毛刷涂上扑面。

39 将面团的较远端向下折入 1/3，用毛刷涂上扑面，用擀面杖擀压面团的两侧。

※擀压面团的边缘，使其厚度变薄，这样便于面团的对折。

40 将面团的较近端向上折入 1/3，用擀面杖擀压面团边缘，进而擀压整个面团。

※擀压整个面团，使对折的面团与面身紧紧地粘在一起。并且，要使擀压后的面团厚度相同，不起疙瘩。使面团冷却。

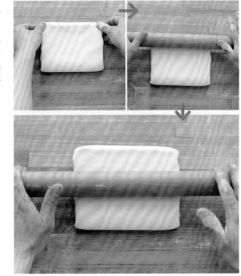

41 用保鲜膜包裹，不要使空气进入其中。

42 将包裹后的面团放在方平底盘中，并使其在温度为 −15℃的冷冻库中静置 30~40min。

※折完后变得稀软的面团，通过在冷冻库中冷冻一段时间，会达到只有用力弯曲才会折断的程度。

43 在面板上放上翻折好的面团，使带有折痕的一面朝上，改变面团方向，旋转90°。

※将面团边缘向内侧折入。因为在同一方向上难于拉伸，所以每做一次翻折都要改变一次方向。

44 用擀面杖擀压整个面团，使其延展成与步骤38中的面团相同的形状。用毛刷涂上扑面。

45 重复步骤39、40，进行第二次的三折。

46 将面团用保鲜膜包裹后放在方平底盘上，放入温度为－15℃的冷冻库内，让面团静置30~40min。

Q197 折叠面团的次数不同，对烘焙出的法式羊角面包有怎样的影响？
➡P201

47 按照与步骤43~45相同的方法，进行第三次的三折。^{Q197}

48 将面团用保鲜膜包裹后放在方平底盘上，放入温度为－15℃的冷冻库内，让面团静置30~40min。

成形

49 使翻折面团的一端朝上，与在第三次的三折中拉伸面团的方向相同，将其放在面板上。

50 用擀面杖分别由中央向较近端、较远端重复擀压整个面团。

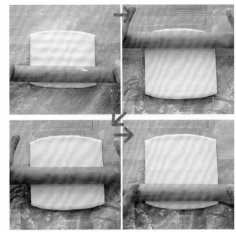

51 在此工序中，如果面团的较远端与较近端的边缘弯曲、变成扁瘪的四边形，则需要调整面团形状。

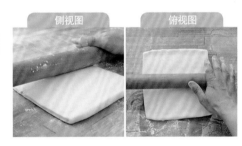

52 将面团的长拉至18cm。

53 改变面团方向，旋转90°。

54 用擀面杖擀压面团中央的 1/3 部分。

55 用擀面杖由面团中央分别向较远端、较近端进行擀压。

56 在拉伸面团的过程中，若面团变得过于稀软，则需将面团四角用保鲜膜包住，放入冷冻库内冷冻。

※当面团过长时，可用保鲜膜包住面团后卷起来放置，这样也不会占用冷冻库内过多的空间。

57 重复步骤55，拉伸面团，使其变为宽18cm、长40cm的长方形。

※拉伸后的面团如果过于稀软，则应该在进行下一个操作步骤前按照与步骤56相同的方法，放入冷冻库内冷冻。

58 将面团横放在面板上，用菜刀将面团边缘切掉。

※有时，用菜刀前后切面团，面层会发生错位，烤制的面包也不会具有完美的层次感。

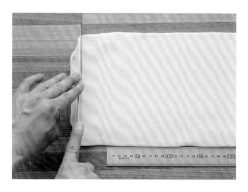

59 从面团较远端的边缘处每隔9cm做一个标记，共四处。

60 从距面团较近端的边缘处4.5cm的地方做一个标记，之后每隔9cm做一个标记，共四处。

61 连接较近端与较远端边缘的标记点，用菜刀向下切割成等腰三角形。Q198

Q198 如何较好地利用剩余的法式羊角面包的面团？
➡P202

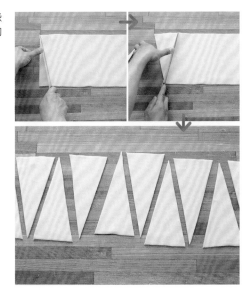

62 手拿等腰三角形的底边，将其置于较远端。另一只手把持在面团中央部分，轻轻地向较近端拉伸。

※轻轻地向较近端拉拽面团。

63

稍稍向内翻折面团的较远端边缘。

64

一边轻轻向下按压，一边向较近端卷面团，大致卷到三角形面团的一半为止。

※若用力按压并过紧地卷面团，面团烘焙时则容易发生破裂。

65

剩余的部分用双手滚卷。

※尽量不要用手接触切口处，以免破坏面团的层次感。

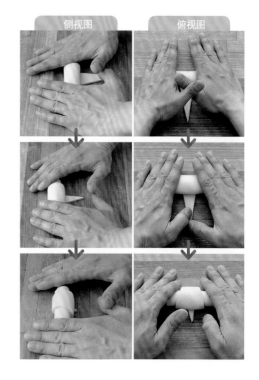

66

完成滚卷的面团。

※只有面团的卷痕左右对称，才能烤制出形状漂亮的面包。

67

使面团含卷痕末端的一面朝下，[Q133] 摆放在烤盘上。[Q134]

※烤盘上摆放不下时，趁着剩余的面团未成形、未干燥，用保鲜膜包裹面团并放入冷冻库内储存10min，以延缓面团成形的时间。当面团过硬、难于成形时，应在室温下放置一段时间后再操作。若面团冷冻得厉害，烤制的面团就毫无层次感。所以要十分注意，不要让面团冷却过度。

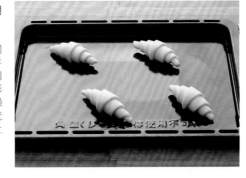

Q133 为什么要使接合处朝下来摆放面团？
➡P175

Q134 将面团摆放在烤盘上时，有什么需要注意的地方？
➡P175

最后醒发

68

放入醒发器，在30℃的温度下醒发60min。[Q113]

※若温度过高，黄油就会熔化渗出，烤制出来的面包就没有形。[Q196]

Q113 最后醒发结束的断定方法。
➡P166

Q196 为什么在最后醒发阶段，黄油会从面团内渗出？
➡P201

烘焙

69

在面团表面的卷痕上平行涂抹蛋液。[Q142, Q143] 将烤箱预热至220℃，烤制12min。[Q145]

※注意不要使蛋液淌在烤盘上。

Q142 如何完美地涂抹蛋液？
➡P179

Q143 涂抹蛋液时，有哪些需要注意的地方？
➡P179

Q145 按配方上标明的温度与时间对面包进行烘焙，结果面包烤焦了。这是为什么？
➡P180

70

从烤箱中取出烤制好的面包，放在冷却架上凉凉。[Q147, Q194, Q199]

Q147 为什么烘焙结束后要立即拿出烤盘，从面包模中取出面包？
➡P180

Q194 法式羊角面包的层次感不清楚。这是为什么？
➡P200

Q199 烤制完成的法式羊角面包表面发生断裂，这是什么原因造成的？
➡P202

以法式羊角面包为基础烘焙而成的系列面包

法式巧克力面包

这款面包是在法式羊角面包的基础上卷入巧克力加工而成的法式面包。

口感香脆、风味十足的面包与巧克力融合，堪称绝配。

它在法国深受大众喜爱，是人们生活中的必需品。

材料（8个）

	重量（g）	面包材料配比（%）Q71
法式面包用粉	200	100
砂糖	20	10
盐	4	2
脱脂乳	6	3
黄油	20	10
即发干酵母	4	2
鸡蛋	10	5
清水	100	50
黄油（折入用）	100	50
巧克力（6cm×3cm）	8片	
鸡蛋（烘焙用）	适量	

预先准备

● 调节水温。Q80
● 黄油在使用前要放入冰箱内储存。
● 在醒发用的大盆内涂抹起酥油。
● 将烘焙用的鸡蛋充分打散，并用滤茶网过滤。

揉好的面团温度	24℃
基础醒发	20min（26℃）
冷藏醒发	12h（5℃）
折入	3折×3次（每一次在−15℃下静置30~40min）
最后醒发	50min（30℃）
烘焙	12min（220℃）

和面、基础醒发、冷藏醒发、Q191折入

1 按照与法式羊角面包（P102）的制作步骤1~48相同的方法和面、基础醒发、冷藏醒发及折入。

成形

2 按照与法式羊角面包（P102）的制作步骤49~56相同的方法，将面团擀成宽16cm、长44cm的长方形。

※随着折入的黄油逐渐变软，面团开始容易粘在面板及擀面杖上。因此，有必要在面团上撒一层扑面。Q75此时所用的扑面也最好预先在冰箱中冷却处理。

3 首先，将面团横放在面板上，用菜刀切掉面团较近端与较远端的边缘。然后，同样地切掉面团左侧的边缘部分。接着，为了均分面团，在短边上做上标记，连接标记点切割面团。

※切割时，若前后拉动菜刀，可能会产生面层错位、烤制完成的面包不分层的情况。

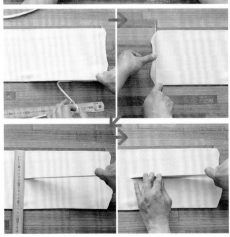

Q71 什么叫面包材料配比？
➡ P149

Q80 如何较好地决定和面水的温度？
➡ P152

Q191 为什么要在冰箱内进行法式羊角面包面团的醒发？
➡ P199

Q75 什么是扑面？
➡ P151

4 在较近端与较远端的边缘上，每隔11cm做一个标记点。连接两侧标记点，对面团进行切割。

※巧克力的形状及大小不同时，为了留有余地包裹巧克力，应改变面团的切割方法。

Q201制作法式巧克力面包时，可以使用市场上出售的那种巧克力吗？
➡ P203

5 将面团纵向摆放，并把巧克力放在面团中央，^{Q201} 将面团的两短边向中央翻折，使两端稍有重叠部分，再轻轻按压，使其黏合。

●关键点

重叠处大致为1cm。

Q133 为什么要使接合处朝下来摆放面团？
➡ P175

Q134 将面团摆放在烤盘上时，有什么需要注意的地方？
➡ P175

6 接合处朝下摆放面团，^{Q133、Q134}向下轻轻按压。

※烤盘上装不下面团的时候，趁着剩下的面团还没成形，还未干燥，用保鲜膜包裹并放入冷冻库中10min左右，延长面团成形的时间。面团过硬、成形困难的情况下，应在温室放置一段时间后再进行成形处理。只是如果面团被冻住，就不会形成漂亮的面层，因此，注意不要冷却过度。

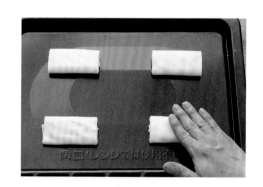

Q113 最后醒发结束的断定方法。
➡ P166

Q142 如何完美地涂抹蛋液？
➡ P179

Q143 涂抹蛋液时，有哪些需要注意的地方？
➡ P179

最后醒发

7 将面团放入醒发器，在30℃的温度下醒发50min。^{Q113}

※如果温度过高，黄油就会渗出，烤制完成的面包就不会成形。

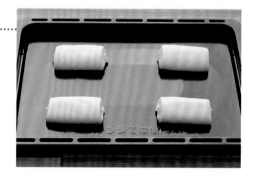

Q145 按配方上标明的温度与时间对面包进行烘焙，结果面包烤焦了。这是为什么？
➡ P180

Q147 为什么烘焙结束后要立即拿出烤盘，从面包模中取出面包？
➡ P180

烘焙

8 在面团表面涂抹蛋液。^{Q142、Q143}将烤箱预热至220℃，烤制12min，^{Q145}之后放在冷却架上冷却。^{Q147、Q200}

Q200 烘焙好的面包出现倾斜倒塌状况，这是什么原因造成的？
➡ P203

第二章

面包制作中的问与答

在面包制作中,可能会遇到这样一系列问题:"制作面包需要哪些必备原料?""面粉的作用是什么?"等等。既然发现了问题,就一定要试着去解决。这种探索精神对于烘焙者来说,有助于加强他们对于面包制作的理解。

本章介绍了大量面包制作中遇到的问题及其解决方法。大到面包膨胀的机制,小至如何才能擅长制作面包,可谓五花八门。

通过解决问题,了解操作目的,把握原料特征,轻松愉快地享受面包制作的过程。

原料、器具之"为什么"

Q1 制作面包需要哪些必备原料？

A 最基本的原料有面粉、水、酵母和盐等。

向面粉中加入 60% ~70% 的水，开始和面，逐渐形成富有弹力的面团。将和好的面团直接烘焙得到的东西，在广义上讲不能称为"面包"。那种与我们平时吃到的面包不同、不经醒发直接制成的面包则被称为"未醒发面包"。

与此相对，对于制作"醒发面包"而言，面粉、水、酵母和盐这四种物质则是必不可少的原料。其中，酵母主要负责制造二氧化碳，这种气体能够使面团膨胀变大。此外，盐是决定面包味道的重要原料。

除了四种基本原料外，有时也会加入糖类、乳制品、油脂、鸡蛋等副原料。它们不仅可以赋予面包风味，还可以控制面包的松软度与分量，从而做出变化丰富、味道多样的面包。

面粉之"为什么"

Q2 面粉的成分是什么？

A 主要成分是淀粉和蛋白质。

平时市面上出售的面粉，其主要成分为淀粉（占 70% ~76%）、蛋白质（占 6.5% ~14.5%）。此外，还含有少量的矿物质与水分等。

虽然淀粉占面粉成分的大部分，但是在制作面包、蛋糕及面条时，对成形起主要作用的还属蛋白质。以面包为例，哪怕面粉中蛋白质的含量仅有百分之零点几的差异，烘焙出的面包无论是体积饱满度，还是食用口感都会千差万别。

因此，我们通常按照蛋白质含量来对面粉进行分类。（请参阅 Q5、Q6）

Q3 面粉的作用是什么？

A 除了成为面包主体外，还具有作为"骨骼"支撑发好的面团的作用。

面包是巧妙地利用面粉中的各种成分而制成的美食。面粉的作用是由它的主要成分蛋白质来掌控的。从和面到醒发、烘焙这一系列工序，都是蛋白质与面粉内的其他成分相互作用、不断变换来完成的。因此，面包才得以制成。

◆蛋白质的作用

首先，在和面过程中，当面团被充分揉捏后，面粉中的蛋白质就会变成面筋蛋白，形成网眼状分布在面团中。接下来面筋蛋白会慢慢地分层并形成薄膜，向内侧吸引淀粉。此外，面筋蛋白膜逐渐交错扩展且其内逐渐充满了气泡（主要是酵母制造的二氧化碳气体）。这样形成的面筋蛋白膜，按功能大致分为两种。

第一种功能：在醒发过程中，能够维持面团中由酵母释放的二氧化碳的量。如果面筋蛋白膜缺少这种功能，无论酵母能释放多少二氧化碳气体，都不能使这些气体存留在面团内，因而就不会制作出膨胀饱满的面团来。

因此，面筋蛋白膜维持面团内气体的这种功能是十分重要的。随着二氧化碳气体的增加，面筋蛋白膜从内扩张膨胀，从而使得面团膨胀起来。

第二种功能：作为支撑面团的骨架存在。面筋蛋白在面粉中呈网眼状扩张环绕，支撑着发起的面团，防止其发生萎缩。烘焙时，这层面筋蛋白膜仍保持原状，但质地会变得更加坚硬，因而成为面包的坚固骨架。

◆淀粉的作用

烘焙时，淀粉先吸水变软。而后随温度升高，淀粉吸收的水分蒸发，其自身变硬（请参阅Q137）。因而，淀粉形成膨松的面包主体，柔软地支撑着全部组织。

如果我们将面包比作建筑物的话，那么淀粉就是拥有许多房间的公寓，而房间里的空间就好比气泡的痕迹。就如同在房间的空间内充斥着许多二氧化碳气体，因此面团会膨胀起来。此外，淀粉还发挥着如同坚固墙壁的水泥的作用。淀粉颗粒之间充斥着许多面筋蛋白，因此，淀粉有如钢铁一样支撑着面包主体。

Q4　什么是面筋蛋白？

A　面筋蛋白是由面粉中的蛋白质转化而来的、具有黏性与弹力的一种物质。

和面时，我们会感觉到有一股反弹力在阻止我们向下按压面团，而产生这种反弹力的物质就是面粉中的面筋蛋白。实际上，面筋蛋白原本并不存在于面粉中。它是在面粉中加入一定量的水后，通过揉捏，在蛋白质的作用下，麦醇溶蛋白、麦谷蛋白与水结合形成的产物。虽然多数食品中都含有蛋白质，但是面粉中的这种蛋白质是独一无二的。正因为如此，能够形成面筋蛋白这一点成了面粉的特性。

面筋蛋白的纤维构造呈网眼状紧密相连，因此，其最大的特点就是能够产生黏性与弹力。面团揉捏越充分，产生的面筋蛋白量越多，网眼构造更加细密，因而面团的黏性与弹力就越强。

● **面粉内所含面筋蛋白的特点**

面粉（使用高筋粉）面团（左）与抽离的面筋蛋白（右）

抽离的面筋蛋白被抻长时的状态

实际上，将面筋蛋白从面团中分离后进行接触，它的特征就一清二楚了。而取出面筋蛋白的方法如下：首先，在面粉中加入60%~70%（占面粉的比例）的水，然后把这块面团在水中一边揉捏一边冲洗。在这个揉捏、冲洗的过程中，淀粉逐渐流失，剩余的部分就是面筋蛋白了。拉伸取出的面筋蛋白，会看见它呈膜状扩展开来，能够触摸到其黏度如同口香糖，弹力如同橡胶一样。

为了得到足量的面筋蛋白，要在面粉中加入适量的水并且充分揉捏是关键。若加入的水量过多或不足，抑或揉捏程度不够，都会使得面筋蛋白的形成量少、弹性不足。

Q5 面粉分为哪几种?

A 面粉分为高筋粉、准高筋粉、中筋粉及低筋粉四种。

生活中，能够用面粉制作出来的食物有很多，像面包、点心、面条等。从专业用途上来讲，面粉分为多种。而仅在面包粉一类中，又可以细分成吐司用粉、法式面包用粉等。甚至在吐司用粉中，又可以继续分成体积饱满型、外皮酥脆型等多种类型。

从家庭角度来讲，可以将面粉分为四种：高筋粉、准高筋粉、中筋粉和低筋粉。

面粉中一般含有淀粉、蛋白质、矿物质以及水分等物质，所以通过按照化学分析得出的成分值来划分种类是比较困难的。而实际上，在面粉分类方面是没有严格规定的。无论是制作面包，还是制作点心、面条，蛋白质所形成的面筋蛋白（请参阅Q4）的性质都会给分类带来巨大影响。因此，我们通常是按蛋白质的含量进行分类的。

其中，蛋白质含量最高的叫高筋粉，使用高筋粉制作的面团因其面筋蛋白含量高，所以面团黏性大、弹力强。由此可知，准高筋粉、中筋粉及低筋粉中面筋蛋白含量低，因此制作的面团黏性小、弹力弱。

此外，根据小麦的产地与品种不同，蛋白质的含量与品质也会有差异。再比如，即便是同一品种，气候、土质、施肥方法不同，对蛋白质的含量与品质也会造成一定影响。

面粉因有高筋粉、低筋粉之分，所以蛋白质的含量与品质也会有差异。一般来说，高筋粉是由硬质小麦制成的，低筋粉是由软质小麦制成的。有时也会出现混合粉，即在制粉阶段，将多种硬质面粉与软质面粉掺和起来，通过调整比例实现理想中所需的面粉。

● 高筋粉与低筋粉中面筋蛋白含量的对比

高筋粉制面团（左上）与抽离的面筋蛋白（左下）
低筋粉制面团（右上）与抽离的面筋蛋白（右下）

详细说明①

面粉中蛋白质的含量是由什么因素决定的?

制作面粉的原料小麦分为硬质小麦与软质小麦（根据小麦颗粒的软硬划分）。其中，硬质小麦的蛋白质含量较多。

详细说明②

什么叫面粉的等级?

面粉的等级既可以根据蛋白质含量的不同来区分，又可以根据矿物质的含量来区分。

所谓矿物质，是指磷酸、钾、钙、镁及铁等物质。而小麦的外皮及胚芽内多含有这些物质。在碾磨小麦制粉的过程中，因外皮与胚芽的混入量小而导致面粉中矿物质的含量少，所以将面粉分为一等粉、二等粉、三等粉及末等粉等。市面上出售的面粉多为一等粉或二等粉，在此就不做过多说明了。

Q6 什么样的面粉适合制作面包？

A 高筋粉或准高筋粉。

　　为了使烤好的面包膨松起来，和面时，有必要让面粉中的蛋白质过多地转化成面筋蛋白。

　　在醒发至烘焙的这个阶段中，面筋蛋白能够很好地阻止气泡内的二氧化碳气体向外渗出，从而使得面团的膨胀度保持良好。此外，面筋蛋白还起到骨架的作用支撑面团，防止其发生萎缩。因此，所用面粉中的蛋白质含量越高，制得的面包膨松度越好。

　　高筋粉中则含有大量的蛋白质，它不仅能够形成大量面筋蛋白，而且与低筋粉相比，还会使面团产生更大的黏性与更强的弹力。因此，高筋粉适合用来制作面包。但是也有使用准高筋粉的，便于更好地制作面包。

● 不同面粉中的蛋白质含量与用途

	蛋白质含量	用途
低筋粉	6.5%~8.5%	制作点心、料理
中筋粉	8.5%~10.5%	制作面条、点心
准高筋粉	10.5%~11.5%	制作面包、面条
高筋粉	11.5%~14.5%	制作面包等

Q7 法式面包用粉究竟是什么样的粉？

A 适合制作像法式面包这种硬系列面包的专用面粉。

　　法式面包用粉是专门用于制作法式面包的专用粉（请参阅Q168）。其蛋白质含量为11.0%~12.5%，相当于高筋粉或准高筋粉的标准。法式面包用粉除了用于制作法式面包外，还可以用于其他硬系列或半硬系列面包的制作。本书中所介绍的法式羊角面包就是使用法式面包用粉制成的。

Q8 面包制作所需的面粉除法式面包用粉外，还有哪些？

A 小麦全粒粉与黑麦粉。

　　制作面包时，除使用面粉外，还可以使用独具风味的小麦全粒粉与黑麦粉。

　　普通的面粉，一般是由接近小麦中心的部分研磨而成的。而小麦全粒粉，顾名思义，是将小麦整粒进行研磨而得到的面粉。因为小麦的外皮与胚芽部分也进行了研磨，所以这种面粉与其他普通面粉相比，膳食纤维、维生素、矿物质等含量较高。此外，因为外皮破坏了面筋蛋白的组织，所以过多地使用小麦全粒粉容易使得烘焙的面包塌瘪。

黑麦粉主要用于制作传统的德式面包或欧式面包。它与面粉不同，不含蛋白质，并且和面时也不会产生面筋蛋白。因此，用黑麦粉烘焙出的面包膨胀度低、质地厚实致密。

因小麦全粒粉与黑麦粉都是通过颗粒研磨制成的，所以磨制出的面粉有颗粒粗细之分。当我们制作面包时，可根据所制面包的风味与口感来决定面粉粗细的选择。

小麦全粒粉（上）、黑麦粉（下）

Q9 使用日本产面粉时，有哪些需要注意的地方？

A 必须调整水的加入量。

日本产面粉与从美国、加拿大而来的面粉相比，一般蛋白质含量较少。因此，制作面包时，使用日本产面粉得到的面团内面筋蛋白含量就比较少。这样的面粉不适合制作膨松发软、体积饱满的面包，但可以用于有分量、质地厚实的面包的制作。

使用日本产面粉制作面包时，制作方法基本与使用从美国、加拿大而来的面粉的制作方法相同，但要注意少加入一些水。原本面粉中的蛋白质可以在和面过程中吸收水分、形成面筋蛋白，但是，由于日本产面粉中蛋白质含量较少，所以加入面粉中的水量也有必要相应程度地减少。（使用其他蛋白质含量较少的面粉时，情况同上。）

Q10 使用大米面制作面包时，有什么需要注意的地方？

A 再掺入适量的粉状面筋蛋白或面粉。

大米面与面粉不同，其不含能够形成面筋蛋白的蛋白质。因此，若只使用大米面制作面包，因为其内没有物质可以围阻酵母释放的二氧化碳气体，所以制作出的面包就不会具有饱满膨松的品质。

一般为了解决这个问题，可以向大米面中掺入适量的市售粉状面筋蛋白或者是面粉，这样揉好的面团就容易醒发了。

Q11 面粉适合存放在什么样的环境中？

A 适合存放在凉爽、干燥的地方。

面粉适合保存在凉爽干燥、无温度差的环境中。如果环境温度较高，则面粉中所含的酶就会发挥作用，使面粉的质量恶化。还有，如果想要密封存放面粉的话，一定要排除面粉的湿气及害虫后，再进行密封。

此外，因面粉具有吸附气味的特性，所以存放面粉时，注意不要将其放置在气味刺鼻的地方。

产品中标记的保质期为商品未开封时的保存期限。而开封后，则需在保质期之前尽量用完。

Q12　最好要将面粉筛一筛吗？

A 制作面包时，也可以不筛面粉。

筛面粉的优点如下：一是方便取出异物；二是和面时，不易产生面疙瘩；三是能够使空气进入面粉颗粒间。

面包的膨胀原理与西式糕点等点心的膨胀原理不同。即使用未经过筛的面粉来制作面包，面包也容易发生膨胀。并且，制作面包的主要原料高筋粉与制作糕点的低筋粉相比，和面时不易起面疙瘩。（请参阅 Q76）

若面粉颗粒间混入空气，就会易于与其他原料进行混合且利于水分的充分吸收。虽说如此，但是否过筛面粉对于最后烘焙出的面包来讲不会产生太大影响。

所以，面粉的过筛与否，还需根据具体情况做出判断。

水之"为什么"

Q13　水的作用是什么？

A 水可使面粉成团且是面包制作的必需品。

在面包制作中，水是不可或缺的原料。特别是水还具有催化剂的作用，它能催化面粉中所含的各种成分发挥其各自应有的作用。

面粉中的淀粉与水一起被加热，淀粉就会吸水发生"糊化"（请参阅 Q137 的详细说明②），因而形成的面团质地柔软，制成的面包有利于我们消化。

另外，水还是促成面筋蛋白形成的必要条件。面粉中加水后充分揉捏，通过揉捏可使蛋白质吸收水分从而转化成面筋蛋白。

除此之外，水还具有溶解盐等物质、激活酵母及酶活性的作用。

Q14　对于面包制作用水而言，有什么具体要求吗？

A 使用自来水即可。

生活中，使用自来水就可以制作出可口的面包。而使用市面上出售的矿泉水也未尝不可。因为水的硬度和 pH 值会对面包的制作造成一些影响，所以为了选择出适合的面包制作用水，请提前了解掌握其特质。（请参阅 Q15、Q16）

Q15　水的硬度会对面包制作产生影响吗？

A 严格意义上来讲，会有一定影响。因此，最好选用比自来水硬度稍高一些的水。

一般认为，面包制作用水的硬度最好在100mg/L 左右。

所谓硬度，是指水中含可溶性钙盐、镁盐等盐类的多少。不同国家表示硬度的方法与区分方式也不同。本书的 P128 附带有 WHO（世界卫生组织）关于水的硬度的分类表。

水的硬度多在 50mg/L 左右，虽然说软水与中度软水的硬度无太大差别且对面包制作也影响不大，但这种硬度对制作面包而言确实有些偏低。

所以最好选用硬度在 100mg/L 左右的水，其原因在于它能够增强面筋蛋白的黏着性。相反，若使用硬度低的软水，面筋蛋白就会软化，面团就会变得稀软发黏。

使用市面上出售的矿泉水时，请提前确认其硬度。因为多数的进口矿泉水硬度一般偏高。若选用硬度较高的水制作面包，形成的面筋蛋白弹性就会过强，因此面团质地会变得过于紧密，从而容易引起"面团起裂"（请参阅 Q127）、"醒发速度缓慢""面包在保存过程中面团变硬"等一系列问题。

● 水的硬度分类表

种类	硬度
特硬水	180mg/L 以上
硬水	120~180mg/L
中度软水	60~120mg/L
软水	60mg/L 以下

Q16 可以使用碱性水吗？

A 不可以。因酵母为好弱酸性菌类，故不适合生活在碱性环境中。

酵母在弱酸性环境下最为活跃，在强碱性与强酸性环境下不能按照理想状态活动。

从和面到面包烘焙结束这个过程中，需要将面包面团所处环境的 pH 值一直保持在 5.5~6.5 的范围内。这样做的理由为：面包制作用原料多呈弱酸性，尤其是在醒发过程中，酵母产生的二氧化碳气体溶解于水中，乳酸菌和醋酸菌释放有机酸等。这样一来，面团的 pH 值自然就接近酸性了。并且这个范围内的 pH 值适宜酵母活动。同时，在酸性作用下，面筋蛋白得到适度的软化，面团的延展性增强，因而也为面团膨胀创造了好的条件。

其中，水是面包制作中使用量最多的一种原料。因为水能在很大程度上左右面团的 pH 值，所以必须将面团的 pH 值维持在弱酸性条件下。但是，也可以将含强碱离子的水的 pH 值调整为 8.0~9.5 的弱碱性。若使用含强碱离子的水制作面包，那么面团就会偏碱性，酵母的活力就会减弱，不能产生出足够的二氧化碳，从而得到的面包就不会膨胀起来。

一般来讲，生活中的自来水 pH 值约为 7，呈中性。所以，用这样的水制作面包，是不会有问题的。

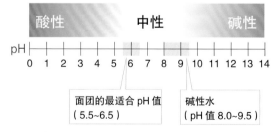

pH 值表示水溶液的酸碱度。pH 值等于 7 表示中性；pH 值大于 7，呈碱性，且 pH 值越大，碱性越强；pH 值小于 7，呈酸性，且 pH 值越小，酸性越强。其中，pH 值接近 7 的叫作弱酸性，pH 值接近 0 的叫作强酸性。碱性与之相似，也有弱碱性与强碱性之分。

酵母之"为什么"

Q17 酵母的作用是什么？

A 释放二氧化碳，使面包充分膨胀。

酵母的作用是利用其能够进行酒精发酵的特性使面包充分膨胀。酒精发酵是指酵母通过摄取糖类（葡萄糖及果糖）从而生产出二氧化碳、酒精以及少量能量的化学反应。

在面包制作过程中，酵母产生的二氧化碳气体会变成气泡，均匀分布在面团四周，从而使整块面团膨胀起来。并且，产生的酒精还会增强面团的延展性，赋予面包独特的风味与醇香。

Q18　为了使酵母能够在面团内积极有效地活动，如何做才好？

A　给予充分的水分、养料并保持适宜的温度，是使酵母积极有效活动的必要条件。

市场上出售的酵母在保存期间一直处于休眠状态。为了使这样的酵母恢复活动，需要给予一定的水分及适宜的温度。并且，也有必要加入糖类来改善酵母的生存环境，为酵母活动提供必需的能量。

酵母所需的养料糖类，主要包含在面包制作原料面粉中的淀粉及砂糖中。糖类可分很多种，但是能够让酵母直接使用的只有小分子糖类——葡萄糖与果糖。所以，面粉中的淀粉及加入的砂糖只有被酶分解成小分子糖后，才能作为养分供酵母使用。

另外，酵母活动也需要适宜的温度。它在37~38℃的温度下产生二氧化碳的量最多。若温度超过此范围，酵母的活动就会减弱；一旦温度超过60℃，酵母就会死亡。而温度降低，酵母的活动能力也相对减弱；待温度低至4℃以下时，酵母则停止活动进入休眠状态。与试管中的酵母不同，在实际的面包制作过程中，决定作业温度时，不仅要考虑到酵母释放气体时的适宜温度，还要将面团的状态等因素涵盖在内进行综合考虑。

简单举例说明，进行醒发时，温度一般控制在略低于酵母释放二氧化碳量达到峰值时的温度，其具体值为25~35℃。如此一来，二氧化碳气体的产生量就会略低于峰值，面团醒发膨胀到一定程度就会相应地花费一些时间。这个过程就如同让酵母进行马拉松比赛，在长时间内缓慢平稳地产生气体，而不是进行短距离奔跑一样。

另外补充一点，控制醒发中二氧化碳气体的产生量的同时，还要兼顾面团的状态，这一点十分重要。也就是说，适当地抑制气体产生量，不要使其成为面团膨胀的负担。此外，缓慢地进行醒发，虽花费时间，但能够使面团在这一段时间内积蓄能够改善面包风味的物质。

制作面包时，要将各种因素考虑在内，保持各物质间的平衡。同时，也要使酵母能够高效地活动。

详细说明①　促进醒发的酶的作用

原料中含有的糖类分子大小不一，有大分子糖和小分子糖。其中，酵母能够直接利用像葡萄糖、果糖等这些小分子糖来进行酒精发酵。但蔗糖、麦芽糖这些大分子糖甚至更大分子的淀粉等物质，不能直接使用，只有将它们分解成葡萄糖与果糖等小分子糖后才能进行酒精发酵。

而主动承担起糖类分解任务的物质统称为酶。面粉与酵母中分别含有叫作淀粉酶以及麦芽糖酶、转化酶的物质。

面粉本身具有的淀粉酶会将面粉中的淀粉分解成麦芽糖，然后酵母体内的麦芽糖酶会将产生的麦芽糖继续分解成葡萄糖。

又因为砂糖几乎是由蔗糖制成的,所以会在酵母体内转化酶的作用下被分解成葡萄糖与果糖。

就这样,在酶的作用下,面团内产生了大量葡萄糖与果糖。酵母就是以这些糖类为养料,开始进行酒精发酵的。

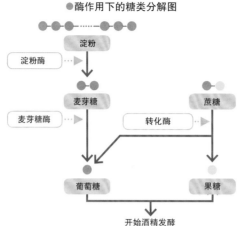

●酶作用下的糖类分解图

淀粉

淀粉酶 ····▶

麦芽糖   蔗糖

麦芽糖酶 ····▶   转化酶 ····▶

葡萄糖   果糖

开始酒精发酵

详细
说明
②

用于醒发的淀粉与用于制作面包主体的淀粉

面粉是一种粉状物质,它是由制粉工厂用磨面机碾压出来的。每次进行碾压时,都会使面粉内含有的淀粉在一定程度上受到损坏,最高可达面粉量的10%。

一般来讲,淀粉在常温下不易吸水,在和面和醒发的过程中也几乎不吸水。然而,研磨受损的淀粉即使在常温下也是可以吸收水分的。淀粉吸水后很容易在酶的作用下分解成葡萄糖,而这些产生的葡萄糖又会充当养分,供酵母进行酒精发酵。

研磨后剩下的大部分都是完好无损的淀粉,它们在和面及醒发中几乎不发生变化。然而,在烘焙阶段,只有面团的温度接近60℃,淀粉才会吸水膨胀。此时,淀粉的作用是使烘焙的面包膨松起来。

Q19 酵母的本质是什么?

A 酵母属"菌类"活物。

酵母并不仅指面包制作用的酵母。酵母与其他真菌、细菌等一样,都是自然界中的微生物,是属于"菌类"的单细胞活物。

酵母有很多种。其中,面包制作用酵母是从大量酵母中选出的、经工业性纯粹培养形成的、最适合面包制作的单一菌种。1g 活酵母中存在 100 亿以上的酵母细胞。

酵母可以在适宜温度与pH 值的环境下,摄取糖类作为养分进行活动。它一般都是在有酶存在的地方进行呼吸、增殖的。另一方面,它还可以在酶少的地方进行酒精发酵,将糖类分解成二氧化碳与酒精。因为酵母能够进行酒精发酵,所以可以利用不同种类的酵母分别进行面包、啤酒、清酒、葡萄酒等食品的生产。

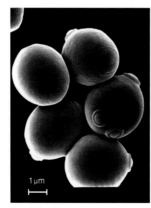

1μm

酵母在显微镜下的照片

Q20 酵母分哪几种?

A 市面上出售的酵母主要有三类。分别是活酵母、干酵母以及即发干酵母。

◆活酵母

起初,酵母是从自然界中选出的最适合面包制作的菌种。

使菌种在一定程度上进行增殖后，将其放入加有糖蜜（含果糖和葡萄糖）的培养液中进行培养。在此期间，要一边调整环境温度与 pH 值，一边向培养液内输送氧气，进行工业性纯粹培养。之后，再用离心分离器将酵母从培养液中分离出来并进行清洗。清洗后还要进行脱水、压缩等工序使其形成块状。得到的块状物质就叫作活酵母。活酵母的最大含水量可达 70%，需要在通风的条件下冷藏储存。这样，它的耐存度可达 1 个月左右。使用方法：溶于水后即可使用。

◆干酵母

干酵母是一种粒状酵母。它是通过培养种类不同且在干燥环境中处于休眠状态的酵母，然后使其与培养液分离并在低温下经干燥处理形成的。干酵

母的含水量为 7%~8%。保存在常温通风的环境下即可。密封条件下也可以保存且期限长达 2 年之久。使用方法：取相当于即发干酵母 5~6 倍量的干酵母溶于水中，放置 10~15min，将其进行预先醒发后即可使用。

◆即发干酵母

即发干酵母呈颗粒状，易分散于水和粉类物质中。其最大特点为：和面时，能够与粉类物质同时混合使用。与干酵母相比，即发干酵母的醒发能力较强。其含水量为 4%~5%。在常温通风环境下保存即可。密封环境下可保存 2 年。

1 活酵母
2 干酵母
3 即发干酵母
4 即发干酵母（低糖面团用、添加维生素 C）
5 即发干酵母（低糖面团用、未添加维生素 C）
6 即发干酵母（高糖面团用）

活酵母

干酵母

即发干酵母

根据面团内加入砂糖量的不同，可将酵母大致分为以下两种：

1. 高糖面团用酵母

顾名思义，这种酵母适用于砂糖含量较高的面团中。例如果子面包等。

2. 低糖面团用酵母

这种酵母适用于不加糖或少加糖的面团中（请参阅 Q23、Q24）。

此外，低糖面团用酵母还可以细分为维生素 C 添加型低糖面团用酵母与维生素 C 非添加型低糖面团用酵母（请参阅 Q25）。

Q21 根据面包种类不同，酵母分为几种？

A 两种，分别为适用于多糖软系列面包的酵母以及适用于配料简单的硬系列面包的酵母。

一般情况下，活酵母多用于砂糖含量高的软面包中。干酵母适用于配料简单的硬面包中。但是，它却不适合加在含糖的面团中，因为糖类会让其发酵能力下降。即发干酵母则既可用于硬面包的面团中，又可用在砂糖含量高的面团中。

Q22 如果不想使用配方中提供的酵母，要怎么办？

A 以 10：5：4 的比例更换酵母。

如果不想使用配方中提供的酵母，可以根据活酵母：干酵母：即发干酵母 =10：5：4 的比例更换酵母，并且这种方法取得的效果与配方中描述的效果相同。

只是更换的前提为：必须使用与砂糖加入量吻合的酵母。但是，用活酵母制作配料简单的硬面包与用干酵母制作砂糖含量高的软面包时，操作是十分困难的。

所以，可以用这种比例尝试一下。还可以根据烘焙好的面包状态，对下次的酵母使用量做出适当的调整。

Q23　高糖面团用即发干酵母占面粉量的比例是多少？

A 占面粉量的 5% 以上。

高糖面团用即发干酵母占面粉量的 5% 以上。

Q24　将高糖面团用酵母与低糖面团用酵母互换使用，能够进行醒发吗？

A 将高糖面团用酵母用于低糖面团中，不能够较好地进行醒发。

将低糖面团用即发干酵母加入含糖面团内，只要面包中的糖含量不是很多，面团就会在一定程度上膨胀起来。其中，砂糖含量应约占面粉量的 10%。如果面团中砂糖含量过高，超过这个度，则建议使用高糖面团用酵母。

然而，如果将高糖面团用酵母加入无糖面团中，醒发就不能顺利进行且面团也不十分膨胀。

因此，还是选择与面团质地相匹配的酵母为好。

详细说明　低糖面团用酵母与高糖面团用酵母有什么不同？

其中的差异可分为两种：

①与渗透压相对的耐久力的差异

一方面，低糖面团用即发干酵母处于多糖环境中时，其细胞容易受损，醒发力会降低。例如，向水果中加糖放置一段时间的话，因渗透压的作用，水果细胞内部的水分就会溢出，水果发生萎缩。与此原理相同,酵母也会发生类似现象。也就是说，酵母细胞内的水分被糖分子夺走，从而造

成了酵母细胞破裂。即便是干酵母也会发生上述现象。

另一方面，高糖面团用即发干酵母细胞对于渗透压具有耐久力。即使被加入含有砂糖的面团中，也可以照样进行活动，且活酵母也与之相同。

②能够分解糖类的酶的差异

酵母可通过摄取糖类作为养料，进行酒精发酵。但是，若摄取的糖类为大分子糖，则还需在酶的作用下将糖分解成葡萄糖、果糖等小分子糖后才能使用（请参阅 Q18 ）。

酵母体内能够分解糖类的酶有两种，分别是麦芽糖酶和转化酶。这两种酶在低糖面团用酵母与高糖面团用酵母中所占比例不同。

一方面，在未加入糖的面团中进行酒精发酵时，分两个阶段进行。首先，面粉中的酶（淀粉酶）会先把面粉中的淀粉分解成麦芽糖。然后，酵母在自身酶（麦芽糖酶）的作用下将麦芽糖分解为葡萄糖与果糖。在未加入糖的面团中，酵母根据其自身机制获得糖。

另一方面，在加入糖的面团中，淀粉被分解成葡萄糖的同时，酵母在自身酶（麦芽糖酶）的作用下将砂糖内的蔗糖分解成果糖与葡萄糖。这样可以使醒发在早期阶段进行。

在高糖面团用即发干酵母的两种酶中，转化酶的活性较强，可优先对砂糖进行分解。因此，即发干酵母比较适合用于加糖的面团中。如果将其用于未加糖的面团中，则醒发不能顺利进行。

在不加入砂糖的面团中，麦芽糖酶的活性较强，故比较适合使用低糖面团用酵母。

Q25 维生素 C 添加型酵母与维生素 C 非添加型酵母的区别在哪里？

A 加入维生素 C，可使面团产生弹力。

市面上销售的多数即发干酵母内添加有维生素 C。维生素 C 对面团中面筋蛋白产生作用，可以增强面团本身的弹力。

手工和面时，经常会出现原料混合不均匀的情况。若此时加入维生素 C 添加型即发干酵母，便可以改善此种情况。因而，揉捏好的面团就会变得弹力十足，烘焙出的面包也变得松软有形。

Q26 可以用水溶解即发干酵母吗？

A 可以，而且用水溶解后能够立即使用。

我们知道，即发干酵母最大的优点就是能够直接掺入面粉中进行搅拌混合。因而，没有必要特意用水对即发干酵母进行溶解。当然，用水溶解也未尝不可。只是，即发干酵母与水接触的那一刻会立即产生活性，所以要注意溶于水后立即使用。

其余的酵母，基本上也都是要溶于水后立即使用的。但是对于固体生酵母而言，为了使其能够均匀地与面团融合，应先将其溶于水中，之后再加入 40℃的热水放置 10~15min 进行预先醒发，醒发后才可以使用。无论是哪一种酵母，预先醒发一旦结束，都必须立刻使用。

Q27 为什么要将即发干酵母与盐分开放入面粉中？

A 盐对即发干酵母的活动起抑制作用。

实际上，盐可以抑制即发干酵母的活动。因此，在大盆中放入面粉后，要分别加入盐和即发干酵母。

虽说如此，也并不是指即发干酵母一接触盐，就即刻活动减弱。所以，可以使盐与酵母发生微弱的反应。但要注意，千万不能直接将盐撒在即发干酵母上。

Q28 如何较好地保存即发干酵母？

A 在通常情况下，用冰箱进行冷藏保存。

活酵母是酵母活细胞的集合体，一旦温度升高，酵母就开始活动。因为酵母具有温度低于4℃就进入休眠状态、停止活动的特性，所以我们经常用冰箱对生酵母进行冷藏储存。

干酵母与即发干酵母中的水分含量都很少，若温度稍微上升，酵母就会从休眠状态进入完全沉睡状态。因此，未开封的酵母最好保存在冷暗环境中；已开封的酵母需要先密封起来，之后放入冰箱内进行保存。每种酵母在开封后活性都会降低，因此，最好不要以保质期为准，应尽快使用。

Q29 什么是天然酵母？

A 在果实、谷物表面自然产生的酵母就是天然酵母。

市面上出售的酵母是从自然界的酵母中筛选后，经人工纯粹加工得到的适合制作面包的一种菌类。

与人工酵母相对应的天然酵母是一种自然产生的，附着在果实、谷物表面的菌类。在附着有酵母的材料中加入水及适量的糖类，放置数日后变为培养液供酵母繁殖使用。这种将培养液与面粉混合醒发形成的物质叫作"天然酵母"或"自家制酵母"。

这种"天然酵母"内所含的酵母并非单一品种，与之共同进行繁殖的还有乳酸菌以及醋酸菌。这些菌类能够制造出有机酸（乳酸、醋酸等），并散发出独特的香气和酸味。

利用果实、谷物生产天然酵母时，选用的素材种类不同，产物的味道也不一样。

市面上出售的天然酵母多种多样：有与即发干酵母用法相同的粉末类型，也有与面粉混合后呈面团状的类型。

当提及"天然""人工"这两个词时，我们普遍可能会认为还是天然的东西比较好。但是，市面出售的酵母与天然酵母都是活菌，这一点是不可否认的事实。选择哪一种菌，不是非得根据是否味美来进行选择，也要考虑制作面包时的需求这一要素。

Q30 使用天然酵母制作面包与使用市售即发干酵母制作面包，效果上有何不同？

A 烘焙出的面包膨松度、风味及口感不同。

市售的酵母醒发能力强且比较稳定。在面包制作用料及制作方法相同的情况下，花费时间短且烘焙的面包能达到同样的效果。这是市售酵母最大的优点。

而天然酵母醒发能力比较弱，所以醒发很费时间。在这段时间里，天然酵母又会额外制造出大量的有机酸等副产物，使得烘焙的面包中带有一种说不清、道不明的味道（请参阅Q101）。

如果用市售酵母来制作面包，烘焙出的面包外皮与内瓤会分别具有不同的独特口感。这也是市售酵母的特点之一。

盐之 "为什么"

Q31 盐的作用是什么？

A 除了调味外，还会对面包的嚼劲及体积造成一定影响。

在通常情况下，我们吃面包时不太能感觉到咸味。但是，如果面包中不加入盐，单从口味这一点来讲，简直具有天壤之别。

盐不仅是决定面包口味的重要原料，同时，它也能够增强面团的延展性。所以，在制作甜面包时一定要放入盐，因为盐所起的作用不单是调味这么简单。

盐的用量虽然不是很多，但即使是少量的盐，也会对面包的口味及面团的质地造成很大的影响。

①改善面包的味道

未放盐的面包吃起来总让人觉得怪怪的，好像少了点什么。但是加入盐的面包，不仅会具有咸味，还能够更好地衬托出面包本身的独特风味及融入面包的砂糖的醇甜，让人吃起来觉得更加可口。

②加强面筋蛋白的黏性及延展性

和面时，盐的作用是使面团中面筋蛋白的网眼结构变得更加细密。正因如此，我们才会得到质地紧凑的面团，烘焙完成的面包纹理也会变得更加细腻。

③控制醒发速度

若酒精发酵速度较快，短时间内就产生出二氧化碳的话，那么制作出的面包就会缺乏面香，失去面包本身所具有的独特风味（请参阅Q101）。若所加盐的分量合适，则可在一定程度上抑制酵母的活动，使醒发较好地进行下去。若所加的盐过多，不仅会造成味道过咸，而且还会使二氧化碳的产生量显著减少。

④抑制杂菌繁殖

我们知道，盐具有抑制杂菌繁殖的作用。所以，根据盐的这个特性，可以为酵母营造出一个较好的醒发环境。

Q32 有专门用于制作面包的盐吗？

A 没有具体要求，可根据个人喜好来选择。但选择时，应注意其中氯化钠的含量。

如果注重面包口感的话，可根据个人喜好选用海盐或岩盐。其中主要成分氯化钠的含量最好在90%以上。

盐中所含的氯化钠能够制造出咸味，并且盐中另一种叫盐卤的成分（镁钾化合物）的作用，能够减弱这种咸味的刺激性。

在氯化钠含量占99%以上的盐中，盐卤的成分也相对较多。但是，生活中也存在大量氯化钠含量过低的盐。对于制作面包而言，盐在使用时，起主要作用的终究还是盐中的氯化钠。因此，选择盐时有必要注意其中氯化钠的含量。若氯化钠含量过低，则会对烤制出的面包产生直接影响。

脱脂乳之"为什么"

Q33 脱脂乳的作用是什么?

A 既可以为面包增添奶香,又可以为面包提色。

制作面包时,掺入脱脂乳粉,可使面包富有奶香。为了使制作出的面包奶香更加浓厚,脱脂乳的用量应控制在面粉量的7%~8%。

若加入的脱脂乳少于上述数值,那么烤制出的面包颜色就会相对较深。脱脂乳中所含的乳糖属于糖类的一种,它的主要作用是在烤制时对面包进行提色。

Q34 为什么要使用脱脂乳而不是牛奶?

A 价格便宜、使用方便。

我们在面包制作中会经常使用脱脂乳。这是因为跟牛奶相比,脱脂乳的价格便宜、容易获取、保质期长、使用起来方便简单。但是,家庭中经常备有的原料是牛奶,所以有时也可用牛奶代替脱脂乳来使用。

详细说明 **乳糖能变成酵母的养分吗?**

乳糖是由葡萄糖和半乳糖缩合而成的。大多数糖在进行醒发时,都会变成酵母的养分(请参阅Q18)。但是,酵母不能直接利用乳糖,只有被面粉和酵母中含有的酶分解成小分子物质后才能使用。因此,在烘焙阶段之前,乳糖会完好无损地停留在面团内。在烘焙过程中,面团温度升高,面粉中含有的蛋白质、氨基酸以及还原糖会发生一系列反应,从而得到了可为面包提色的物质及增强面包香味的物质。这种反应就叫作氨基–羰基反应(请参阅Q36的详细说明)。乳糖属还原糖,可加速化学反应,使烤制出的面包色泽更加完美。

Q35 应该用多少牛奶来替代脱脂乳?

A 牛奶的用量应为脱脂乳的10倍,并相应减少所加入的水量。

脱脂乳是牛奶中除去水分及脂肪后提炼形成的物质,在用牛奶来替换脱脂乳时,所加牛奶的量应为脱脂乳的10倍。但为什么是1:10这个比例呢?

我们知道,牛奶中含有蛋白质、糖类、脂肪(脂乳)及矿物质等固体成分。而从上述成分中除去脂乳后剩余的成分(无脂乳固体成分)一般占牛奶量的10%,这就大概相当于脱脂乳的分量。

将粉末状脱脂乳换成液体牛奶时,请不要忘了

减少水的用量。10%的牛奶量在无脂乳固体成分中相当于脱脂乳的含量,剩余90%的量充当水分。可根据这个道理来进行水量的加入。

加入牛奶的最佳时机是在粉类物质均匀混合完成之后。从和面水中取出调整水,将剩余的水倒入大盆,与面粉搅拌混合。

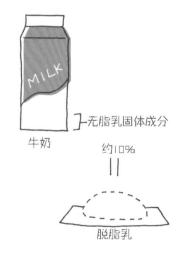

牛奶　　无脂乳固体成分　　约10%　　脱脂乳

砂糖之 "为什么"

Q36　砂糖的作用是什么？

A　增加面包甜味，使面包具有色泽，保持面包柔软，易烘焙。

加入砂糖的第一目的就是赋予面包甜味。总的来说，砂糖的作用如下：

①增加甜味

②作为营养源为酵母提供营养

酵母在自身含有的转化酶的作用下，将砂糖的主要成分蔗糖分解为葡萄糖与果糖，并以此为原料进行酒精发酵（请参阅 Q18 的详细说明①）。

③增加面包色泽

对于面包而言，有糖无糖是一件无关紧要的事。但是，砂糖的含量会影响到面包烘焙的色泽。面包内砂糖含量越多，烘焙出的面包色泽越好。

说起面包着色的原理，其实无非就是原料中所含的蛋白质、氨基酸及还原糖在高温条件下共同被加热，能够发生为面包提色、增添其面香的一种反应。这种反应叫作氨基 – 羰基（美拉德）反应。

面粉、鸡蛋、脱脂乳及黄油中分别含有蛋白质、氨基酸、还原糖等物质。因此，即使不向面包中加入砂糖，烤制出的面包也会呈现茶色。但是，加入砂糖后，不仅会使面团内还原糖的含量增多，还能够提高反应速率、润饰面包色泽。

面包能够着色，归功于氨基 – 羰基反应的结果。但是，在面包烘焙过程中，如果温度超过限度继续升高的话，同时还会发生焦糖化反应。这种反应以布丁的焦糖汁为代表。在高温下，糖受热分解变为茶色，散发出焦糖汁一样的醇甜香味。随着温度继续升高，香味会越发刺鼻，口感也越发苦涩。

④烤制出的面包质地柔软

砂糖能够吸附水分子，保持水分，它的这种性质叫作 "保水性"。

面包面团在烤箱中进行烘焙时，其含有的水分在一定程度上会蒸发掉。此时，面团中的砂糖就开始发挥相应的作用了。它吸引面团中的水分子，使水分难以散失，从而使得烧制出的面包湿润柔软。

⑤使面包不易干燥

面包放置时间过长，表面就会变硬。其原因除了水分蒸发以外，就是能够使面包形成松软口感的淀粉随着时间延长，结构会发生改变，从而使得面包变硬。

在烘焙过程中，面团受热，面团中的淀粉原先致密的结构变得松散，面团中的水分开始进入这些间隙中。不久，淀粉 "糊化"（请参阅 Q137 的详细说明②），面包变得松软起来。而后，松软的面包继续放置一段时间就变硬了。这是由糊化的淀粉继续 "老化"（请参阅 Q154）造成的。淀粉 "老化"，就会恢复到糊化前那种致密的结构，之前被锁住的水分开始外流，与面包内柔软的部分相结合。因此，面包变硬了。

在面团中加入砂糖，砂糖溶于水，并随水分一起进入淀粉结构的间隙中。此时，即使淀粉发生 "老化"，由于砂糖本身的保水性，会吸引水分子使其继续停留在淀粉的结构里。如此一来，面包就不容易变硬了。

面包着色机制——氨基－羰基反应

面团受热，表面颜色变为茶色。这种现象的产生是氨基－羰基反应的结果。食品中所含的蛋白质与还原糖在高于 160℃的温度下被加热，就会产生一种茶色素和一种香味素。

在煎肉、烤鱼及煎鸡蛋时，其物质表面也会呈现茶色。这是因为该物质内部同样进行着氨基－羰基反应。不论哪种食品，只要含有蛋白质、氨基酸、还原糖中的任何一种，就可以发生该反应。面包制作所需的面粉、脱脂乳、黄油等原料内都含有能发生氨基－羰基反应的物质。

砂糖的主要成分蔗糖属于非还原糖，蛋白质及

氨基酸中则不含该物质。但是，蔗糖在高温及酸性条件下会分解成果糖和葡萄糖，所以当把砂糖与含蛋白质及氨基酸的物质一起加热时，氨基－羰基反应会被激活进行。

※ 还原糖包括：葡萄糖、果糖、麦芽糖、乳糖等。这些糖内具有反应性高的部分（还原性基），当这部分与蛋白质、氨基酸相结合时，就会发生氨基－羰基反应。另外，砂糖的主要成分蔗糖属非还原糖，它是葡萄糖与果糖相结合的产物。具体来讲，就是葡萄糖与果糖各自反应性高的部分相结合，两强相抵，重新组合成非高反应性的结构。

Q37 面包制作中通常使用什么糖？

A 颗粒状的糖（砂糖）。

我们通常说的颗粒状的糖基本上是指砂糖。所以，在制作面包和西方甜点时，一般使用砂糖。因为砂糖和绵白糖很容易买到，所以在理解这两种糖的特性之后，熟练区别使用就好。

砂糖和绵白糖的区别在哪里？

绵白糖中多半为蔗糖，只含有少量的转化糖和矿物质。与砂糖相比，绵白糖中含有的转化糖量较多，因此就产生了如下性质上的不同：

※ 转化糖：葡萄糖与果糖的混合物。它是用等量的葡萄糖与果糖混合制成的，但其混合方式与蔗糖不同。

①甜度

砂糖的口味属微甜型，而绵白糖的甜味极浓。这是因为绵白糖中的转化糖甜度高于蔗糖的缘故。

②润湿感

用绵白糖替代砂糖制作面包，可使烘焙出的面包不至于太干燥。绵白糖的含量越多，烘焙出的面包就越发显得黏软。这是由于转化糖的保水性高，烘焙时面包中的水分不易蒸发的缘故。

③松软度

使用绵白糖制作出的面包即使放置数日，也能够保持原有的松软感。面包变硬是由于淀粉老化后，

其结构内被锁住的水分流失造成的。砂糖本身具有保水性且能够防止淀粉老化，所以面包不易变硬（请参阅 Q36 ）。而绵白糖中含有更多的转化糖，所以其保水性必然更强，烘焙出的面包更耐放。

④烘焙颜色

转化糖属于还原糖，更易发生氨基－羰基反应（请参阅 Q36 的详细说明）。

因此，使用绵白糖更容易对面包进行着色。

本书中，所有的面包制作使用的糖都是砂糖。但是，有时候也会根据这些面包的特性进行选择。烘焙者应根据面包制作的种类来选择糖。

●砂糖与绵白糖的成分对比表

	蔗糖	转化糖	矿物质	水分
砂糖	99.97%	0.01%	0	0.01%
绵白糖	97.69%	1.20%	0.01%	0.68%

摘录自《砂糖百科》(社团法人糖业协会·精糖工业会编)

油脂之"为什么"

Q38　油脂的作用是什么?

A　增强面包的厚重感，使面包纹理更加细密、质地更加柔软。

面包的种类十分丰富。在多数情况下，都需向面包中掺入油脂类物质。其中，油脂量占面粉量的比例会因面包种类不同而不同。山形吐司中油脂量占2%～8%，奶油卷中油脂量占10%～15%，法味朵风中油脂量占30%～60%。

加入油脂最重要的目的就是增强面包的醇香感。其次，油脂还可使面包外皮变得又薄又软，内瓤质地细密柔软，烤制出的面包形状完美。

此外，油脂还能够防止面包在保存过程中变硬。这是油脂中所含的糖衣作用的结果。这层糖衣可吸附水分子，使水分难以蒸发。油脂在面包组织中展开成薄层，从而维持面包的柔软性。

Q39　在面包制作中经常使用什么样的油脂?

A　黄油、人造黄油及起酥油。

在面包制作中通常会用到黄油、人造黄油及起酥油等固体油脂。

在制作含油脂的面包时，通常先加入面粉、水、酵母及盐等非油性物质进行和面，待面团开始形成面筋蛋白、产生弹力后，再加入油脂。这种方法可使和面这道工序快速高效地进行下去（请参阅Q87）。

将固体油脂适当程度地进行软化，可以使其较好地融入已成形的面团中。若加入液体油脂，面团表面因油脂作用变得异常光滑，这样两者就不易融合在一起。因此，需要使用固体油脂。

有些面包需要加入橄榄油和色拉油配合使用。在这种情况下，必须在搅拌初期将油脂与其他非油脂性的全部原料放在一起混合搅拌。

　　固体油脂具有可塑性的优点

黄油及起酥油等固体油脂的优点是当对其施加外力时，这些固体油脂会改变原来的形状并能够保持变化后的形状。

也就是说，它们具有可塑性的特点。在制作面包的过程中，经常会用到固体油脂的这种特性。

例如，融入固体油脂的面团在醒发时，面团本身不断膨胀的同时，固体油脂也在不断膨胀。由于固体油脂具有可塑性，膨胀后的油脂会继续保持膨松状态，从而使得面团也呈现膨胀状态。由此可知，烘焙后的面包体积不会缩小。

融入面团内的油脂会沿面筋蛋白膜或在淀粉粒之间分散开来。面团被拉伸时，面筋蛋白膜会沿与拉力相同的方向延长。此时，分散在面筋蛋白膜上的油脂就起到了润滑剂的作用，使得面团具备了延展性。若面团的延展性强，在醒发及烘焙的工序中，面团易膨胀、易成形，烤制的面包也十分松软。因固体油脂具有可塑性，面筋蛋白膜会沿外力施加的方向被拉长，从而保持拉长后的形状。

另外，液体油脂不具备可塑性，所以也不具备固体油脂的那种硬度。若加入的油脂量约占面粉量

的5%，无论加入固体油脂还是液体油脂，烘焙出的面包形状不会有太大差别。但若加入的液体油脂量超过10%，面团就会变得过于稀软。若面团过于稀软，原先膨胀的状态就会消失，整个面团就会坍塌下来（请参阅Q128的详细说明）。顺便说一下，加入的固体油脂量的最大限度为60%。例如，本书中法味朵风中的黄油量就占50%。为了使法味朵风具有浓浓的黄油香，特意在其面团中加入大量的黄油。正是因为这些黄油的加入，利用其可塑性，才使得法味朵风能够保持膨松的状态。

Q40　如何选择油脂？

A　根据所制面包的风味及口感进行选择。

在黄油、人造黄油及起酥油中，无论选择哪种都可以制作出面包。但是为了使制作的面包更加味美可口，需要在了解各种油脂的特性后再进行选择。

◆黄油

黄油是从鲜奶中提炼出乳脂肪后加工而成的，它属于乳制品的一种。黄油能够赋予面包以独特的风味，并且一旦加热还会发生氨基－羰基反应，并散发出香浓的气味。

◆人造黄油

很久以前，法国研制出了人造黄油，它替代原来的黄油被人们使用。它是通过在植物性油脂及动物性油脂内加入奶粉、醒发粉、食盐后与水发生乳化作用形成的。人造黄油因与黄油口味相似且具有更为宽泛的可塑性温度带而被人们广泛使用，并受到了极度好评。

◆起酥油

起酥油是以动物性油脂和植物性油脂为主要原料，炼入固体专用油脂后加工而成的。其油脂含量接近100%，不含水分与乳成分，白色无味。因此，不能将起酥油涂抹在面包上食用，而应作为制作面包、甜点的原料使用。

加入起酥油可使面包、曲奇等变得松脆，吃起来给人一种脆脆的感觉。起酥油能够赋予食物这种酥脆感正是其最大的特征。另外，在和面时，起酥油也能够起到润滑剂的作用。这是它的另一个优点。

Q41 为什么有时需要同时使用起酥油和黄油?

A 加入起酥油可使面包产生酥脆感,而加入黄油又能为面包增添一丝香醇。

制作面包时,只加入黄油就能够赋予面包独特的风味,且加入量越多,面包吃起来就会越香浓。若只加入起酥油,油脂所呈现的风味完全表现不出来。但是,将两者共同使用,就会使制得的面包口感酥脆、香醇。

正因如此,可根据个人喜好决定用量,两者混合使用使各自的优点表现得淋漓尽致。

Q42 将黄油室温软化,黄油呈现何种状态为最佳?

A 用手指轻轻按压黄油,黄油上能够留有压痕,此时黄油状态最佳。

刚从冰箱中拿出的黄油呈冷却固体状态,此状态下的黄油不易与面团融合。因此,要预先从冰箱内拿出黄油,放置在室温下软化。

用食指按压块状黄油,随手指按压力度的增大,压痕逐渐变深,此时黄油的硬度最佳。这时,若用手指快速按压,黄油就会变得稀软。

● 黄油硬度的确认方法

过硬:用指尖按压黄油,其形状不发生改变。

最佳硬度:用指尖按压黄油,指尖能够稍稍压入黄油内。

过软:用指尖按压黄油,指尖快速由上向下滑入黄油底部。

Q43 可以使用已经熔化了的黄油吗?

A 最好不要,液体黄油不易与面团融合。

一般来讲,通常先对除黄油以外的全部原料进行搅拌混合,待面团中的面筋蛋白产生弹力后再加入黄油,并对其进行揉捏(请参阅 Q87)。

黄油及起酥油等固体油脂的优点是当对其施加外力时,这些固体油脂会改变原来的形状并能够保持变化后的形状。也就是说,其具有可塑性的特点。一旦掺入的油脂具备可塑性,那么油脂就会沿面筋蛋白膜分散展开,形成薄层,从而轻松地与面团融为一体。

黄油只有处于柔软状态时,才能发挥它的可塑性。因此,熔化的液体黄油失去了可塑性,即使与面团融合也不能融为一体(请参阅 Q39)。其次,因为水分会因熔化的液体黄油而流失,这样就会影响到面团的硬度。所以,制作面包时,我们基本不使用液体黄油。

可以将熔化的黄油放入冰箱冷却凝固后再使用吗？

即使黄油熔化了，放入冰箱内也会再次凝固成块。可是，二次凝固的黄油表面不会再像以前那样光滑，并且温度稍有升高，还会再次熔化。而黄油一旦熔化，又必然会失去它的可塑性。

二次凝固的黄油有受热溢出的可能性。因此，使用这种黄油制作出的面包达不到预想的膨松感。所以不建议使用。在本书中，我们之所以要将黄油置于室温进行软化，是因为用微波炉或热水进行软化的话，会导致黄油熔化。

Q44 最好使用无盐黄油吗？

A 不一定，但使用加盐黄油时，注意要适当减少盐的用量。

在本书介绍的面包制作中，既可以使用无盐黄油，也可以使用加盐黄油。

一般来讲，加盐黄油中的盐分占 1%~2%。黄油用量较少时，即使使用加盐黄油，其盐量也是微乎其微的。因此，没有必要改变盐的用量。相反，黄油量多时，则需减少盐的用量。实际上，要事先根据黄油量来计算好需要加入的盐的用量。在实际操作中，加入的盐量虽然要比理想值少一些，但根据个人喜好来决定盐的用量也未尝不可。

鸡蛋之"为什么"

Q45 鸡蛋的作用是什么？

A 对面包本身的味道、口感及色泽都会产生一定作用。

本书中制作面包时使用的鸡蛋全部为中等大小的鸡蛋。一个中等大小的鸡蛋中含有 18~20g 的蛋黄和 35g 的蛋白。蛋黄与蛋白对面团产生的影响各不相同，具体情况如下：

①对口味的影响

蛋黄可以赋予面包以醇香的味道。为了让人们在吃面包时能够感觉到鸡蛋的独特风味，加入的整个鸡蛋量应占面粉量的 15% 以上。若只加入蛋黄，则蛋黄量应占面粉量的 6% 以上。

②对口感的影响

蛋黄中的脂质量仅占蛋黄总量的 1/3，其内含有一种叫作卵磷脂的乳化剂。卵磷脂的作用是使面包内瓤质地细密，整块面包润湿柔软、形状完美。

蛋白中含有一种叫作卵清蛋白的蛋白质，其分量约占蛋白的 50%。这种物质受热会凝固，因此，可根据这一特性来打造面包的酥脆口感。

※ 乳化剂是一种促进水和油相溶的媒介物质。

③对色泽的影响

蛋黄中含有一种呈橘黄色的胡萝卜素。因此，烤制时它可使面包内瓤呈现淡黄色，在视觉上给人一种美味诱人之感。

Q46 使用蛋白制作面包与使用蛋黄制作面包的区别在哪里？

A 使用蛋白制作，可使面包产生一种酥脆的口感。

制作面包时，通常用到的就是蛋白和蛋黄。若使用的蛋白量过多，制得的面包就会变得干巴巴的。

相反，若仅使用蛋黄，制得的面包就会十分松软润湿。若加入许多蛋黄，那么得到的面包就会具有很强的重量感。因此，我们要将蛋白与蛋黄混合使用，这样烘焙出的面包才能松软酥脆。

麦芽精之 "为什么"

Q47 什么是麦芽精?

A 麦芽糖的浓缩提取物。

麦芽精是通过煮制发芽的大麦，利用麦芽糖浓缩提取技术制成的。

在大麦发芽时，一种叫淀粉酶的物质使大麦中所含的淀粉活化，将其分解成麦芽糖。因此，在麦芽提取物中除了麦芽糖以外，也含有淀粉酶。这种淀粉酶具有在面包面团内将淀粉分解成麦芽糖的作用（请参阅 Q18 的详细说明①）。

Q48 麦芽精的作用是什么?

A 为酵母提供营养，为面包提色。

麦芽精主要用于制作像法式面包那种配料简单的硬面包。如果向面团中加入麦芽精，那么面团就会在稳定的状态下开始醒发。面团中不添加糖类也能烤制出金黄的颜色。

①有助于面团稳定地醒发

在本书的法式面包制作中，面团内加有麦芽精。在未加入砂糖的情况下需将酵母的数量控制在最低限度。面包内的酵母摄取糖类作为养料，然后进行酒精发酵产生二氧化碳，二氧化碳会使面包膨胀起来。因此，即使酵母的数量少、糖类含量少，只要时间充足同样能醒发。

此外，即便将揉好的面团放入了醒发器，酵母也并不能立刻进行酒精发酵。

能够作为养料供酵母进行酒精发酵的糖类只有葡萄糖、果糖这些小分子糖（请参阅 Q18）。若向面团中配以砂糖（99% 的成分是蔗糖），那么酵母就会在将蔗糖分解成葡萄糖和果糖后立刻吸收养分进行酒精发酵。但是在制作法式面包时，酵母会利用自己体内的酶将大分子物质面粉的面筋蛋白分解成麦芽糖，然后再进一步将麦芽糖分解为葡萄糖来作为自身的养分。因此，实际上酵母开始进行酒精发酵之前是需要很长一段时间的。

麦芽精里含有麦芽糖和淀粉酶。因此，向无砂糖面团里加入一些麦芽精后，酵母就会吸收麦芽糖并以稳定的状态进行醒发。此外，在麦芽精中所含的淀粉酶的作用下，淀粉分解，这样一来，面团里的麦芽糖量就会慢慢增加，有助于进行稳定的醒发。

②为面包提色

通过向面团内加入麦芽精，产生了大量麦芽糖。但是，这些麦芽糖并不能被完全耗尽，而是会有一部分残留在面团中。并且，在烘焙面包的阶段，容易发生能够为面包提色提香的氨基 – 羰基反应（请参阅 Q36 的详细说明）。

又因为麦芽糖属于还原糖的一种，所以反应容易进行，烘焙的面包也容易着色。

Q49 若没有麦芽精，该怎么办？

A 将麦芽精从原料中去除，其他原料按照原比例进行配制即可。

即使不放麦芽精也能够制作面包，所以可以保持配料比不变，用其他原料代替麦芽精来完成面包的制作。只是在这种情况下烘焙出的面包颜色较浅。

● 根据有无麦芽精烤制出的面包对比图

加入麦芽精烤制出的面包（右）
未加入麦芽精烤制的面包（左）

Q50 为什么要先用水将麦芽精溶解后才能加入面团内？

A 若直接加入，因麦芽精本身具有黏性，处理起来会十分困难。

麦芽精本身很黏，若将其直接加入面粉中搅拌，成团的面团质地不均匀。和面时，首先从和面水中取出适量作为调整水（请参阅 Q78），用剩余的水溶解麦芽精并混合搅拌。

Q51 麦芽粉的用量及使用方法。

A 用量因所制面包不同而不同，直接将粉末混入面粉中即可。

麦芽粉是将醒发后的大麦进行干燥处理后经研磨制成的粉末。有些种类的面包中添加有乳化剂、维生素 C 等发芽大麦以外的成分。因此，不能够对其进行用量的预测。请严格按照书中所标注的数值取量。因为麦芽粉呈粉末状，所以能够直接混入面粉内混合搅拌。

麦芽粉

坚果、干果之"为什么"

Q52 掺入面团内的坚果最好使用烘焙过的吗？

A 是的，经过烘焙的坚果更容易散发出果香。

核桃、杏仁这类坚果不可以生吃，所以必须对其进行烘焙。但是，可以先将生坚果掺入面团内再烘焙。然而，因掺进面团内的坚果没有与火直接接触，所以其散发出的果香可能没有直接烘焙过的坚果香味浓。

本书之所以先将坚果烘焙后再使用，是因为想获取更加浓厚的果香。当把坚果摆在面团上作为点缀时，请注意一定要使用生坚果。

Q53 为什么要将葡萄干用温水洗净后再使用？

A 为了除去表面的油膜及异物。

应提前清洗葡萄干，除去异物后再使用。
而且，因为有些种类的葡萄干表面有一层油膜，所以为了使洗过的葡萄干不发生黏结，我们应该用温水冲洗，不能使用冷水冲洗。

● 葡萄干的预先准备方法

用温水冲洗

洗净后放在笸箩上，充分晾干

Q54 坚果、干果的用量为多少较为合适？

A 加入的量最好占面粉重量的 15% ~70%。

坚果、干果的用量根据个人喜好决定即可。通常我们使用的坚果、干果量占面粉重量的 15% ~70%。这些坚果、干果的加入量越多，面团越难于膨胀，烘焙出的面包体积越小。

Q55 掺入坚果及干果后，面团的质地会变硬吗？

A 会。掺入的坚果及干果吸收了面团中的水分，使得面团变硬。

因为坚果等属于干性物质，所以它们会吸收面团中大量的水分。面团由于其内的水分被这些坚果等夺走，待揉捏完成后，会变得十分紧缩。

面团的紧缩程度也会因坚果等是否烘焙过而不同。因此，在面包烘焙过程中，要一边观察面包的烤制情况，一边调整喷洒的水量。

器具之 "为什么"

Q56 制作面包用的工作台可以使用木制的吗？

A 任何材质的工作台都可以，但木制的较好。

工作台除了木制外，还有不锈钢制、大理石制及塑料制等。任何材质的工作台都可以用来进行面包的制作，但木制工作台优点最多。

例如，木制工作台与不锈钢工作台、大理石工作台相比，不易与面团发生黏结。因此，制作面包时，仅需在面板上撒入少量的扑面即可。与塑料工作台相比，面团在木制工作台上不易打滑。此外，用刮板切割面团时，刮板与面板接触的地方不会过于坚硬。这也是木制工作台的优点之一。

除此之外，不锈钢工作台一处于低温环境就容易变得冰凉；大理石工作台虽不像不锈钢工作台那样容易受温度影响，但其具有保持低温的特性。因此，若使用大理石工作台或不锈钢工作台，就会降低面团自身的温度。综合考虑，选用木制工作台最为合适。

Q57 什么是醒发器？

A 保持醒发所需的最适宜温度及相对湿度的器具。

醒发器的作用是保持醒发所需的最适宜温度及相对湿度。通电即可调节温度及相对湿度，它是醒发面包面团的专用器具。

Q58 如果没有专用的醒发器，该怎么办？

A 可以使用烤箱的醒发功能或用加盖容器替代。

面包店内一定会配有专用醒发器，但在家庭中，一般是不具有这样的工具的。

那么也可以利用烤箱上的醒发功能；假如烤箱不带有醒发功能，则可以使用加盖容器进行醒发。设定好最低温度与时间，使容器内温度与醒发器内温度接近，也可以起到较好的醒发效果。

此外，也可以利用餐具控水箱、发泡聚苯乙烯箱、冷却箱、衣服盒等加盖容器醒发。若使用餐具控水箱醒发，调节箱内温度与相对湿度时，应在箱底加入一层热水；使用其他容器醒发时，应取一个小盒盛放热水，然后将盛放热水的盒子放入该醒发容器内。不管使用哪种容器醒发，都应该用温度计测量出醒发的实际温度。

● 餐具控水箱充当醒发器时的使用方法

在餐具控水箱内套入一大小适中的透明盒，并倒入热水

放入非阳光直射的地方。醒发过程中，要定期检查容器内温度以保持最适宜的醒发环境。若容器内温度较低，则可添加热水或重新更换热水

将盛放面团的盆及温度计放入容器后盖上

Q59 虽可以使用烤箱的醒发功能，但不能设定较为精确的温度。此时该怎么办？

A 通过打开、关闭开关来调节温度。

首先，设定理想的醒发温度。然后，将温度计放入烤箱内测量出箱内的实际温度。因每台烤箱都存在细微的差别，所以实际温度可能会比理想温度偏高或偏低。

若烤箱具有醒发功能但不能进行温度设定时，很有可能会造成实际温度偏高。此时，应插入温度计，通过打开、关闭醒发功能的开关来进行温度调节，使其接近理想温度值。

在操作过程中，可能会存在这种情况：调节若干次温度后，箱内的实际温度依旧达不到理想温度值。此时，应将温度设定在高于理想温度的范围，再通过打开、关闭开关的方法调节温度。

Q60 利用烤箱的醒发功能制作出的面团质地较干燥，该怎样进行调节？

A 在烤箱内放一杯热水。

有些烤箱在具备醒发功能的同时还能够蒸汽保湿。但是，如果烤箱不具备蒸汽保湿功能，那么醒发后的面团就会变得十分干燥。因此，为了达到蒸汽保湿功能的效果，我们可以在烤箱内放置一杯热水。

放入热水后，若面团仍处于干燥状态的话，我们可以将不容易起毛的干布（油布、抹布、漂白布等，请参阅Q63）覆盖在面团表面，或者在面团表面直接喷雾润湿。

Q61 烤箱的醒发功能与烘焙预热功能不能同时使用时，怎么办？

A 尽早结束最后醒发，之后更换到烘焙预热功能。

最理想的做法就是在最后醒发结束后，趁着醒发后的面团还处于膨松的最佳状态时，立刻烘焙。

从醒发结束到烤箱预热达到理想温度，这需要花费很长一段时间。所以，我们可以将醒发后的面包暂时置于室温下，让其继续醒发。

尽管如此，我们还要尽早结束最后醒发。从烤箱中取出面团后，切换到烘焙预热功能。而取出的面团要放在室温下继续醒发，直至达到醒发的最佳状态为止。在此，需要注意的是，若室温较高，醒发较快；反之，温度过低，醒发较慢。所以我们要做好对这一段时间的控制。

应注意保管取出的面团，不要使其变得过于干燥。假若面团变干了，解决方法请参阅 Q60。

Q62　烤盘需要提前预热吗？

A 制作硬面包时需要提前预热。

烘焙硬面包时，若底火较弱，则烘焙出的面包不易松软且体积较小。因此，在预热烤箱的同时，烤盘也需一起加热。

Q63　选用哪种质地的布盛放面团较为合适？

A 可选用油布、抹布、漂白布等盛放面团。

尽量避免使用毛巾这样的纤维制品。用于盛放面团的最合适的布就是不起毛的油布、抹布以及漂白布等。本书中所使用的就是油布。

像弹性大且手感厚实的油布、抹布等都是比较适合盛放面团的

Q64　擀面杖的使用方法。

A 用擀面杖对面团施加压力并尽量将面团擀得厚度均匀。

擀面团时，尽量做到力度均匀。一旦用力过大，面团则容易破裂，粘在面板上且会发生走形。这一点要特别注意。

详细说明　除擀面团外擀面杖的其他用法

擀面杖除了用于擀面团外，在成形这道工序中也用于排气处理。

擀面杖也能够改变已成形面团的形状。手拿成形面团的两端抖动，由于面团自身所受重力，中央部分会下垂，部分面团就会变薄。此时，可用擀面杖从面团一端起轻轻卷起，改变面团形状。之后再从擀面杖上将面团取下即可。

转动擀面杖，轻轻卷起面团

工序之 "为什么"

Q65 面包是怎么做成的?

A 面包的制作流程:和面—醒发—成形—再次醒发—烘焙。

面包制作的基本工序如下:
①和面
混合搅拌原料,制成面团。
②基础醒发
将面团置于酵母活跃的环境中,在酵母的作用下开始进行酒精发酵。酵母产生的二氧化碳则能够使面团膨胀起来。与此同时,酵母活动散发出的香味又可以在面包烘焙时为其增添一抹香浓。
③排气
通过按压、折叠面团可使因醒发失去弹力的面团质地更加紧密。同时也能够排除在醒发过程中产生的酒精,提高酵母的活性。排气这道工序因制作的面包种类而异,有时可以不进行,有时还要在排气后再次醒发。

④分割
根据所制面包大小将大面团分割为若干小面团。
⑤搓圆
轻轻折叠、搓滚,使面团表面膨胀且呈球形。
⑥中间醒发
让搓圆后的面团静置一会儿,可缓解其膨胀感、提高其延展性,有利于接下来进行的成形处理。
⑦成形
打造面团形状。

⑧最后醒发
将面团置于酵母活跃的环境中,在酵母的作用下面团开始进行酒精发酵,表面逐渐膨胀起来。
⑨放入烤箱
在面团上涂抹蛋液,在面身上压入切痕。之后,将面团放入烤箱中。
⑩烘焙
烘焙面团。
⑪取出
从烤箱中取出烘焙好的面包。

Q66 面包的做法有几种?

A 两种,即直接法和醒发法。

◆直接法
面包的普通制法是将面包制作原料一次性混合搅拌,形成面团。本书中介绍的面包制法全部是直接法。该方法操作简单、耗时较短,因此被大多数家庭所采纳,而且能够原汁原味地体现出原料的风味。这也是直接法的特点之一。

◆醒发法
预先取出一部分面粉、酵母及水混合、醒发,完成后制成醒发种,然后将剩余的原料掺入醒发种内,形成面团。这种做法就叫作醒发法。而醒发种又分为两种:液体种与面团种。无论使用哪种醒发种,都能够得到内瓤松软、耐放、有嚼劲且分量充足的面包。这就是醒发法的优点。

Q67 面包分为哪几种类型？

A 面包有口味清淡型、味道浓郁型以及硬面包、软面包。

口味清淡型面包是用最基本的原料制成的面包，其脂肪含量少。其中，面粉、水、酵母及盐是制作该面包的四种必需原料。与之相对的味道浓郁型面包，其用料丰富、口感香浓。除使用基本原料外，还需要糖类、油脂、乳制品及鸡蛋等进行调配。辅助原料的用量在此不做特别说明。

硬面包的特点并不只是表皮坚硬，它还能散发出烘焙的清香与醒发的独特风味，属于清淡型面包。与之相反，软面包是内瓤、外皮松软可口的面包。软面包大多属于味道浓郁型面包。还有一种比硬面包稍软一点的叫作半硬面包。关于本书中烘焙的面包类型的内容，请参阅P14。

准备工作之"为什么"

Q68 什么样的环境适合面包制作？

A 室温为 20~25℃，相对湿度为 50%~70%。

为了确保面团处于良好状态，有必要预先调整工作环境。其最适宜室温为 20~25℃，最佳相对湿度在 50%~70%。如果实际操作中的室温和相对湿度都不符合上述数值，只要在制作面包时，时刻留意面团的干湿状态等，也同样能够制作出品质完美的面包。

做法中偶尔会提到"恢复至室温""在室温下醒发"等语句，此时的"室温"是指25℃。室温过高或过低，都会对面团造成影响。因此，若实际温度较理想温度偏差过大，则应将面团放入醒发器内操作。

Q69 制作面包时需要多大的操作面积？

A 等同于边长为 50cm 的正方形的面积即可。

根据在家和面时得到的面团量，可判断出制作面包所需操作面积为 50cm x 50cm 即可。虽说如此，若操作者技艺精湛，即使在更小些的操作空间内工作，也是行得通的。

Q70 开始制作面包前，有什么需要注意的地方？

A 注意备齐原料及器具，并确保这些物品的清洁性。

开始制作面包前，要计算出所需原料的重量并备齐面包制作器具。同时，还需确保所有物品的清洁性，手也需用水冲洗干净。

Q71 什么叫面包材料配比？

A 是指以面粉量为基准，面包中的各种原料占面粉量的百分比。

面包材料配比是面包制作方面的一种便利的标记法。

它以百分比的形式来表示面包中各种原料的含量。100%的含义并不代表所有的原料量，而是指面粉的总量。其余原料所占的百分比都是以面粉量为基准进行比对的。因此，面包材料配比是一种十分特殊的标记法。

本书使用了两种标记方法：g（克）标记法和面包材料配比。但在专业的配方中则通常使用面包材料配比。烘焙师每天在制作面包时，用到的原料量各不相同。若使用面包材料配比这种标记法进行配料，只需通过简单的乘法运算就可以得到各种原料的量，操作十分方便。

Q72 进行原料称重时，有什么需要注意的地方？

A 提高测量准确度。

为了成功地做出面包，必须进行准确的称量。本书中讲到，在制作面包时需要将重要的原料用 g 标记法表示出来。最好以 0.1g 为单位表示。如果不行，建议使用单位为 1g 的电子秤操作。

Q73 能够使用量杯进行称量吗？

A 尽量避免使用量杯称量，因为其产生的误差较大。

因量杯上没有精细的刻度，所以称量的结果准确性不高。如果按照"1g 水相当于 1mL 水"来看，我们就可以用量杯进行测量。但是因水分子表面的张力会给测量带来误差，所以最准确的方法是称重测量。尤其是像油等液体，因不满足"1g 液体相当于 1mL 液体"的规律，所以不能用量杯测量。

用量杯测量粉末物质时，因粉末过于暄腾膨松，即使向下压实粉末，测量出的重量值也会存在误差。

Q74 因原料量极少不能进行称量。此时怎么办？

A 在可称量范围内称出最少的原料量，然后对原料进行分割直至得到所需原料量。通过"总量除以分割份数"的方法得出所需量值。

因家中没有能够称量小于 1g 原料的精密仪器，所以，有很多人为此而感到头疼。今天就为大家介绍一种称量少量原料的方法。

首先，在可称量范围内称出最少的原料量。接着将称好的原料摊平，目测，对原料进行分割直至得到所需的重量为止。例如，要称量 0.5g 的重量时，先称量出 1g 的重量，再目测将其平分成两份。

● 少量原料的称量方法

1 取适量的原料，在面板上均匀地铺散开。
2 目测，将原料平分为两份。
3 均分的两份用刮板分开。
4 在此基础上，分别对两份原料进行平分（分原料的次数根据所需的原料量更改）。

Q75　什么是扑面?

A　防止面团与面板发生黏结的面粉。

当面团与面板发生黏结时，我们通常会在面板上撒面粉，此时铺撒的面粉就叫作扑面。需要注意的是，操作时不要撒入太多的扑面。因为如果扑面量过多，大量附在面团表面的扑面就会伴随操作卷入面团内部并残留下来，从而使得烘焙出的面包内部出现粉状物。

还有一种情况：过多的扑面吸收了面团中的水分后使得面团变硬，从而导致面团在醒发过程中膨松感不强且烘焙出的面包过硬。

因此，要尽量控制撒入扑面的量与次数。必要时，可用毛刷掸掉多余的扑面。

Q76　什么粉可以充当扑面?

A　高筋粉即可。

撒入过多扑面会破坏面团质地。因此，应选用质地均匀的粉状物作为扑面。而高筋粉恰好符合这一要求：高筋粉与低筋粉相比，具有面粉分子体积较大、分子间距较远、不易结生块的优点。

造成高筋粉与低筋粉性质不同的原因如下：作为高筋粉原料的硬质小麦，其颗粒硬度大，即使用碾子碾压也不会太碎，从而使制得的高筋粉较为粗糙；而作为低筋粉原料的软质小麦，其颗粒硬度较小、易碾碎，因此得到的低筋粉质地细密。

制作面包时，一般都会选用高筋粉充当扑面。

● 在面板上撒入高筋粉与低筋粉时的状态比较

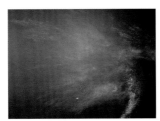

高筋粉：分散均匀

低筋粉：易结生块

和面之 "为什么"

Q77　什么是揉好后的面团温度?

A　即面团搅拌混合结束时的温度。

面团搅拌混合结束时的温度叫揉好后的面团温度。该温度因面包种类不同而不同。

和面完成后，为了使酵母和酶达到最大活性，需把面团放入设定成最适宜温度的醒发器中。但是，即使醒发器能够保持设定温度不变，如果在刚开始面团就没有较合适的温度，醒发也不会成功。

因此，揉好后的面团温度很重要。如果揉好的面团温度达到了理想温度，那么基础醒发和最后醒发就会顺利进行，从而能够顺利地制作出完美的面包。

把温度计插入面团的中心处进行测量

Q78 什么是和面水、调整水？

A 加入到原料中的水是和面水，调整面团硬度的水是调整水。

和面水也是配方中要求的面包制作原料之一。从和面水中取出一部分，用于调整面团硬度的水叫调整水。调整水的量占和面水的 2%~3%。

虽然面团是使用计量准确的材料制成的，但因受到面粉种类、保存状态、室内温度及相对湿度的影响，不能保障面团的质地达到理想状态。因此，和面初期不要将水全部加入，取出适量，待面团成团后再一边加入调整水一边调整面团的硬度。

Q79 为什么有必要调整和面水的温度？

A 和面水的温度会对揉好的面团温度产生影响。

在和面过程中，因为水加入量最多，所以水的温度可以影响面团本身的温度。由此而知，调整和面水的温度就是为了使揉好的面团温度接近理想值。

另外，水和其他的粉类材料不同，加入热水或冰水其温度就会改变，因此具有易调温的优点。

预先准备：调节水温

Q80 如何较好地决定和面水的温度？

A 应考虑三点：一是面粉温度，二是室温，三是和面期间面团的温度变化。

面粉温度、室温及和面期间面团的温度变化是决定和面水温度的三要素。根据面团种类、重量及和面时间的不同，揉好面团的温度也不相同。

最初，可试着将水温调整在 30℃左右。制作面包时，需要统计和面水及面粉的温度、室温及揉好的面团温度等数据，以此作为基础，为下次和面水的温度调节做准备。

Q81 和面水的温度控制在哪个范围内较为合适？

A 5~40℃。

请将和面水的温度调整在 5~40℃。但是，这个温度范围内的水会降低酵母的活性。因此，注意不要让其直接与酵母接触（请参阅 Q18）。

Q82 即使调节和面水的温度，也不能使揉好的面团达到理想温度。此时该怎么办？

A 调节除水以外的原料的温度或调节室温。

和面水的温度对揉好的面团温度影响最大。除此之外，其余原料的温度和室温也能够对其产生一定影响。当无论如何调节和面水的温度都不能使揉好的面团温度达到理想值时，就要试着考虑如下因素，想办法改变温度。

①室温

因为室温也会对揉好的面团温度产生影响，尤其是手工揉搓的时候，所以不建议在极热或极冷的环境下操作。

②面粉温度

如果降低和面水的温度后，揉好的面团温度仍旧高于理想温度，则可以选用冷却面粉的办法。

③副原料的温度

例如，若面团中鸡蛋用量多，则降低鸡蛋的温度；若面团中葡萄干用量多，则降低葡萄干的温度。这样一来，就会使揉好面团的温度得以下降。若想提高揉好面团的温度，可用不超过30℃的温水浸泡副原料。

④工作台的温度

工作台的温度也会影响面团的温度。不锈钢工作台在室温较低时容易冷却，大理石工作台具有维持低温的特性，几乎不随室温变化而变化。因此，可选用大理石工作台，减少对面团温度的影响。

⑤其他因素

手工和面花费的时间较长。因此，时间一长，制作人手上的温度就会部分传到面团上。这也成为面团温度升高的因素。像法味朵风、法式羊角面包这类面包面团的理想温度偏低，因此需要特别注意。

机器和面时也存在需要注意的一点。若和面时间较长、速度较快，面团和大盆摩擦生热，也容易使面团的温度升高。

Q83 何时加入调整水面团效果最佳？

A 面团开始成团前。

调整水是在和面过程中以调整面团硬度为目的、从和面水中分取出来的一部分。

在和面初期，最好尽早添加调整水。这是由于面筋蛋白的形成以及面团产生延展性都需要水的缘故。若此时加入调整水，水容易均匀地蔓延并且也有助于面筋蛋白的形成。

虽然如此，但若在和面初期对面团的硬度尚未掌握的话，稍后添加也无关紧要。和面过程中，既可以同时向面团中加入水和油脂，也可以先加油脂后加水，两种做法都容易使面粉成团。然而，若在制作后期才加入水的话，会延长和面时间。

取出的调整水占和面水的2%~3%

在和面初期加入调整水

Q84 可以一次性用完所有调整水吗？

A 不一定，可根据面团的软硬度决定调整水的添加量。

面团的软硬度因面粉的种类及干燥程度、房间的相对湿度等因素而不同。因调整水是一边确定面团软硬度一边加入的，所以可以有剩余。如果将所有调整水全部加入后面团仍然很硬，就需要补充调整水的量。

此外，面包种类不同，其对软硬度的要求也会有所不同。因此，很难制定面团软硬度的标准。在多次制作一种面包的过程中，通过对烤好的面包进行观察判断，便可以得知加入水量的情况。如果认为水分不足，那么下次操作中就要增加调整水的量；反之，就要减少。第一次制作面包时如果不清楚应加多少水的话，可以试着用完所有的调整水。

Q85 混合原料时，为什么要最后加入水？

A 吸水速度因材料不同而不同。

将面粉、即发干酵母、盐、脱脂乳、砂糖等原料全部混合均匀后再加入水。

材料不同，其吸水速度也不同。特别是脱脂乳的吸水性最强，所以最先吸收水分。因此，若不提前混合原料的话，加入水后面团内就会产生面疙瘩。另外，当原料吸水发黏后，就很难均匀混合在一起。综上所述，一定要在加水前将原料混合均匀。

Q86 加水后立即和面，这种做法好不好？

A 这种做法很好，可以防止面疙瘩的产生。

无论是将面粉加入水中，还是把水倒入面粉里，都必须在两者接触后立即混合。若不立即混合，水不能均匀地分散开，得到的面团内就会含有很多面疙瘩。

Q87 为什么要最后加入油脂类物质？

A 可缩短和面时间。

制作面包所用的油脂一般都是固体油脂，如黄油、起酥油等。这些油脂具有一定的柔软度，当对其施加外力时，它们可以像黏土一样改变原来的形状并保持改变后的状态，即具有可塑性，并且可沿面筋蛋白膜展开成薄层状。

向面包中加入这种可塑性油脂时，它会沿面筋蛋白膜分散，从而快速地与面团融合，并且和面所需的时间少、效率高。因此，一般先将非油脂性原料混合，待面团中形成面筋蛋白、产生弹力后再将油脂混合进去。

Q88 请告诉我手工和面的技巧。

A 待面团产生黏性及弹力后，开始改变揉捏方法及力度。

在手工和面过程中，根据面团状态的变化，试着改变对面团的拍打力度及拉伸力度。

◆第一阶段
刚加水和成的面团还处于稀软状态，一旦被拉伸就会断裂。因此，要将面团在面板上不断地搓擦。

◆第二阶段

当面团的延展性增强到可以从面板上轻松拿起的时候，我们可以使面团成团，并在面板上反复对其进行轻轻拍打，改变面团方向、旋转90°后继续和面。我们之所以改变面团方向进行揉捏，是因为持续朝同一方向施加压力的话，会使面团因受力不均而导致其内部的面筋蛋白的网眼结构被破坏。

即使和面初期面团发黏、不易与面板发生分离也没有关系，只要对面团进行反复揉捏且揉捏动作迅速敏捷就可以。待面团产生弹力、易拉伸后，就要稍微加大力度进行拍打。

◆第三阶段

当面团产生弹力、黏性增大时，就可以用力拍打了。将面团举起至合适高度，用力摔打在面板上。同时用手向较近端稍微拉伸面团再折回。改变面团方向，使其旋转90°，之后再反复进行之前的工作。

◆第四阶段

面团弹力继续增强，超过一定程度时就会变成紧绷的弹性状态。此时，要减少揉捏力度。尽量揉搓面团使其表面变得光滑细腻。

在第三阶段和第四阶段的拍打过程中，将面团举高后再向下用力拍打。这样一来，面团就会在自身所受重力的作用下自然而然地产生一股强大的拍打力。而有节奏地对面团进行持续揉捏，既可以减少揉捏对面团产生的损伤，又可以不使制作者消耗过多的体力，这样工作就会轻松愉快地开展下去。

● 每个阶段中面团的揉捏方法

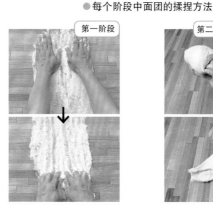

第一阶段

在面板上对面团进行搓擦、揉捏

第二阶段至第四阶段

第二阶段中面团的拍打力度较弱，第三阶段至第四阶段则要增大力度对面团进行拍打，并可根据下落高度来调整对面团的拍打力度

Q89　揉面时，为什么要将面团在面板上搓擦、拍打？

A 使面团中产生更多的面筋蛋白。

将面团放在面板上搓擦、揉捏，可以增强面粉的吸水性。之后通过对面团进行更充分的揉捏就可以得到面筋蛋白。随着和面的继续进行，面筋蛋白的网眼结构更加细密，面团的黏性与弹力也得以增强。

如下为Q88中面团状态变化的说明。

在第一阶段的和面初期，主要目的是使水能够均匀地覆盖在粉末物表面，并使所有原料均匀混合在一起。刚开始揉捏时，面团虽然很软，但未产生赋予面团弹力及黏性的面筋蛋白（请参阅Q4）。此时，拉伸面团容易断裂，因此不能对其进行拍打。

第二阶段中，面团虽然成团，但因过于稀软仍不能用力拍打揉捏，只能进行轻度的摔打揉捏。在这个过程中，面筋蛋白逐渐形成、面团延展性增强。

第三阶段中，面筋蛋白变得越来越多，面团的弹力也逐渐增强。第三阶段过后，面团开始具备了拍打揉捏的条件。

第四阶段中，面筋蛋白内会形成薄膜状组织。醒发时，面筋蛋白膜会包住酵母释放的二氧化碳，使其存留于面团中，有利于面团膨胀。

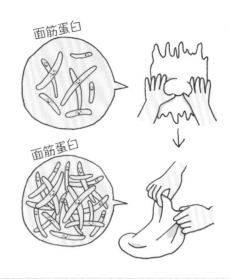

Q90　每种面包的和面方法都相同吗？

A　方法基本相同，但根据面包的种类不同，拍打力度也会有差异。

基础面包的和面方法可参阅 Q88。但是，因面包种类不同，面团所需的弹力及硬度也不同，所以应根据实际情况来适当地揉捏面团。

揉捏软面包面团时，因其延展性较好，可在拍打面团的同时再反复拉伸、折叠面团。而揉捏硬面包面团时，因面团延展性较弱，需要减弱拍打力度或尽量不对面团进行拍打，通过在面板上揉擦来完成和面工序。

詳细
说明　为什么和面力度有强弱之分？

每种面包都有其独特的性质。有些面包质地松软，有些面包有嚼劲，还有些面包质地紧实。在制作面包的过程中，最重要的一点就是要根据所制面包的特征来决定面团的揉捏力度。

因此，像面粉中蛋白质的含量、应该加入哪些作料、每种原料所占比例等都需留意。在选择面团原料时，应根据选择原料的不同来调整面团中原料的混合比例及醒发时间。在通过和面使面团产生面筋蛋白的过程中，所制面筋蛋白的性质占大部分决定因素。选择什么样的材料、怎么进行揉捏都会使面筋蛋白的质量和重量产生差异。

在本书中介绍的基本面包制作中，和面时需要使用较大力度的面包有山形吐司和法味朵风。山形吐司是具有纵向展开及膨胀特征的面包。为了较好地体现山形吐司的此特征，有必要使面团内二氧化碳保持充足，从而得到延展性较好的面团。达到此目的的做法是：使用蛋白质含量丰富的高筋粉制作面团，并对其进行拍打揉捏。

　　法味朵风是将鸡蛋及黄油的量控制在面粉量的30%~60%的范围内制作出的香醇型面包。向面团中加入黄油，待面团变柔软后要立即将其与油脂混合。

　　另外，法式面包配料简单，是硬面包的代表。制作法式面包时，需要使用蛋白质含量偏低的面粉制作。同时还要控制酵母的含量。和面时注意不要对面团进行拍打揉捏。为什么这样做呢？这是因为这种类型的面包在烘焙方面对面包口味与口感有特殊要求，而进行长时间醒发又是制作此款面包的前提（请参阅Q172）。

　　如果用面筋蛋白得到强化的面团制作面包，在醒发期间面团就会过度膨胀。因而，烘焙好的面包味道就会变得过于清淡，以致给人留下一种配料不足的感觉。当然，如果面团膨胀程度不足，烘焙好的面包也会失去原有的独特风味。此外，一方面，制作出的面团延展性好是十分重要的；另一方面，保持面团处于较好的弹力状态也是不容忽视的。

Q91　手工和面时，揉捏到何种程度为最佳？

A 根据面团状态进行判断。

　　和面时间因面团种类及重量而不同。手工和面时，揉捏力度及揉捏方法也会成为影响和面时间的因素。在本书的配方中，记录着如何根据面团状态来判断面团揉捏的程度。

　　取少量面团并轻轻拉薄，由此确认面筋蛋白的形成情况，从而判断揉捏的程度。

Q92　面团过硬或过软会导致什么样的结果？

A 面包的膨胀度不足。

　　面团过软会导致烘焙的面包体积不足，剖面扁平，底部较大，口感发黏、不酥脆。

　　面团过硬时其弹性也很强，因吸水不足而导致质地干燥。烘焙出的面包同样会出现体积不足的情况，但此时的面包剖面鼓起呈圆形、底部较小。并且，内瓤质地过于紧密，外皮又厚又硬。

●硬度不同的面团烘焙前后的状态对比图

烘焙前　　烘焙后　　适中

烘焙前　　烘焙后

过硬
烘焙前：绷紧状态、弹性极强
烘焙后：面包走形、接合处裂开

烘焙前　　烘焙后

过软
烘焙前：面团质地松弛、表面凹凸不平
烘焙后：形状扁平、表面有褶皱及小气泡

Q93 **如何较好地确认面团揉捏是否完成？**

A 确认抻薄时的面团状态。

撕下一块面团，将其拉伸成薄薄的片状，注意不要使其断裂。从这个拉伸后的薄膜状面团（厚度、均匀度及薄膜破裂时的位置与破裂口的状态）可以看出面团揉捏是否完成。

有的面团容易拉薄，有的不易拉薄。在本书中，按易拉伸成最薄最滑的膜状面团的程度来排名的

话，依次是法味朵风、山形吐司、奶油卷、法式面包及法式羊角面包。各种面包面团的揉捏标准可以参照配方工序中的图片。并且，记住烘焙好的面包状态，可以作为下次和面时的参考。如此积累经验，从而做出更好的面包。

●抻薄面团的方法

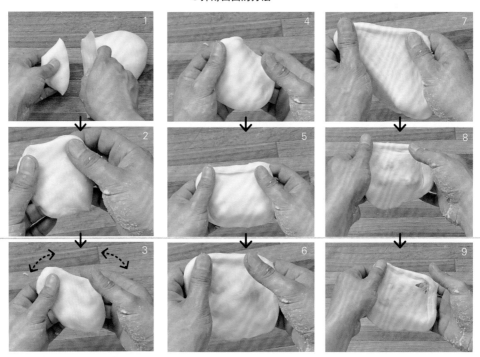

1 用刮板切取鸡蛋大小的面团。

2 使面团干净漂亮的一面朝上放置，用指尖慢慢地横向拉伸数厘米。

3 这时，两手相互交替前后移动。同时，慢慢拉伸面团。

4~8 将面团旋转45°，按照与步骤3相同的方法用指尖缓慢地拉伸面团。重复此动作，注意尽量不要弄破面团，直至面团被拉伸成薄膜状。

9 根据面团的拉伸容易度、厚度、均匀度以及破裂口的状态等因素来判断面团是否揉捏完成。

Q94　机器和面与手工和面有什么不同？

A　和面力度不同，从而导致面包的烘焙情况也不同。

机器和面与手工和面存在较大差异，特别是当使用的面团量增加时，这种差异就会更加明显。因为如果面团量增多，和面时间就会相对延长，面筋蛋白的产量从而相对减少，面团质感极差。手工和面制得的面团很难像机器制出的那样精细，所以我们不能达到完美，但可以力争做到最好。

Q95　和面力度不足或过强，会分别产生什么情况？

A　和面力度不足时，面团不松软；和面力度过强时，面包过于膨胀。两种情况下制得的面包口感都极差。

若和面力度不足，则烘焙出的面包体积不足、表面凹凸不平、面包呈扁平状。这种新出炉的面包品尝起来让人觉得黏糊糊的，口感很差。放置一段时间后，面包还会变硬、变干。

若和面力度过强，则烘焙出的面包体积过于膨胀、过于有嚼劲（咬起来费力）、口感干巴、口味过淡。

与机器和面相比，手工和面力度较小，几乎不会发生揉捏过度的情况。相反，手工和面需要花费大量的时间，从而会使面团变得过于膨松，所以经常会有不成形的面包出现。

●揉捏力度不同的面团烘焙前后的状态

烘焙前

烘焙后

力度不足
烘焙前的面团过于松弛，表面起泡多。烘焙后的面包因在面团时期揉捏力度不足，体积偏小。

适度

Q96　揉好的面团未达到理想温度，怎么做才好？

A　改变醒发温度及时间。

面团揉捏完成后，要对其进行温度测量。面团成团后，请将温度计插入面身中央进行测量。一般来讲，清淡型硬面包的面团温度为 24~26℃，醇香型软面包的面团温度为 26~28℃。

揉好的面团温度会对之后的醒发时间造成巨大影响。因室温及水温会随季节产生巨大波动，所以家庭中制得的面团温度与理想值之间存在一定偏差。

温度差在 1℃ 左右，对醒发时间不会产生较大影响，前后只产生 5~10min 的时间差。

若揉好的面团温度高于理想值，则需将醒发温度降低 1~2℃，使面团在温度稍低一些的环境中醒发。有时醒发会提前完成，所以我们要一边观察面团状态，一边调整醒发时间。

与之相反，如果揉捏好的面团温度较低，则需将醒发时的温度提高 1~2℃。然而，这种做法也有可能花费时间。

Q97 在手工和面的过程中，面团过于紧缩，不能顺利地进行揉捏。这种情况该怎么办？

A 让面团稍事静置后，其弹力就会逐渐减弱，从而变得容易揉捏。

在手工和面的过程中，面团如果弹力过强就会容易紧缩，不能较为顺利地揉捏面团，这样就导致不能和出延展性好的面团。在这种情况下，我们可以让面团在揉捏过程中适当静置1~2min。这样，面团的弹力就会减弱，从而使揉捏工作顺利进行。其中，让面团静置时，还需用大碗或保鲜膜将其覆盖上，防止其变干燥。

加盖大碗，防止面团静置时变干燥

Q98 拍打、揉捏面团时，面团会破裂、出现小洞？怎么办？

A 停止拍打揉捏，让面团静置1~2min。

在和面的后半阶段，虽然面团富有弹力，但它却被撕裂。造成这种现象的原因为拍打揉捏的力度过强。假如在和面中途遇见这种情况，应该按照与Q97中相同的方法让面团适当静置一下。

若面团撕裂、出现小洞，则需让面团适当静置一下

Q99 为什么要把粘在手上及刮板上的面团刮取干净？

A 尽可能少地浪费面团。

在和面初期，面团质地非常黏且容易粘在手上。随着不断揉捏，面团开始产生延展性，黏性也逐渐减小。因为粘在手上的面团易变干燥，如果不刮掉粘在手上的面团的话，在不断地揉捏过程中，粘在手上的干燥面团就会被顺势带入大面团中，从而导致和好的面团质地不均匀。

用刮板或手去除粘在手上的面团

醒发之"为什么"

Q100 为什么面团通过醒发可以膨胀起来？

A 酵母进行酒精发酵产生二氧化碳气体，面团内的面筋蛋白膜可以围阻释放的气体，因此面团得以膨胀。

醒发中的面团之所以会膨胀，是因为酵母产生了二氧化碳气体。
在醒发之前，如果不对面团进行充分的揉捏，就不会产生大量的面筋蛋白，因而就不能在醒发过程中充分地围阻二氧化碳气体。因此，我们要为此做充分揉捏面团的准备。与此同时，为酵母创造一个能充分活动的环境也是十分重要的。

①制作能围阻气体的组织

如果在和面过程中能够充分揉捏面团的话，那么面粉中的蛋白质就会大量地转化成具有较强弹力与黏性的面筋蛋白。这些面筋蛋白在面团内呈网眼状扩展，会形成微带弹力的膜状面筋蛋白膜（请参阅 Q3 ）。

②酵母活动产生二氧化碳气体

若达到适合酵母活动的温度，只要一具备酒精发酵的条件（请参阅 Q18），酵母就会进行醒发活动，从而产生大量二氧化碳气体。随后，这些气体开始在面团中以面泡状态存在，并随着气体产生量的增多体积逐渐变大。

③阻止二氧化碳气体外漏，面团膨胀起来

面筋蛋白膜包围在气泡周围，且随着气泡变大逐渐向面团内侧扩展。

我们可以将面筋蛋白膜比作橡胶气球，当向内吹气时，橡胶气球就会逐渐膨胀起来。将大面团当作气球，站在这个角度来看的话，面团内无数的小气泡就如同小气球一样紧密排列在一起。这样的小气泡中只要有一个膨胀起来，那么整个面团就会随之膨胀起来。

而且，为了使膨胀起来的面团不发生萎缩，面筋蛋白的网眼结构还起到了支撑面团膨胀的作用。

Q101 **除了使面包膨胀外，醒发的其他目的还有什么？**

A 产生独特的香味，赋予面包独特的风味，增强面团的延展性。

酵母通过醒发制造出二氧化碳，面团在二氧化碳的作用下不断膨胀。仅这一个过程是不能称为醒发的。实际上，在醒发过程中，除了生成二氧化碳外，还产生了许多其他物质。

例如，酵母进行酒精发酵的时候，除了生成二氧化碳外还产生了酒精。另外，在酵母活动的同时，其他各类细菌也分泌出多种物质，使面团内的物质不断地发生变化。

面团在多种分泌物的作用下散发出独特的香味，形成独特的口感，变得更加香醇，面团的延展性也得以加强。

我们把上述变化叫作"面团的熟成"，它是面团醒发的另一目的。在酵母释放二氧化碳使面团膨胀的同时，正是因为面团熟成的顺利进行，醒发工序才得以完成。

详细说明　**什么是面团的熟成？**

醒发过程中，面团的膨胀叫作熟成。面团的熟成如下所示：

①能散发香气、促使风味物质的生成

酒精发酵产生的酒精可转化为面包的独特风味与香气。并且，乳酸菌和醋酸菌混入面粉或空气中，可分别产生乳酸及醋酸。这两种酸都叫作有机酸，能够散发出香气，具有独特的风味，能增强面包的香醇感。

醒发时间越长，乳酸、醋酸的积累量越多。在面团膨胀起来的同时，面团熟成也在不断进行。

②面团的延展性及弹力的物理性变化

面筋蛋白形成后，面团开始产生弹力。但在这个过程中，也不断地进行着化学反应。面筋蛋白因化学反应发生了细微的软化。例如，酒精发酵的产物——酒精就具有软化面筋蛋白组织的作用。

因发生二氧化碳溶于水、脂质酸化、生成乳酸及醋酸等变化，使得面团的 pH 值倾向于酸性，软化也能够顺利进行。

为了防止面团内气体的散失，使面筋蛋白的网眼结构变密，从而使面团逐渐产生弹力的这种方法固然重要，但仅增强面团弹力是远远不够的，还要在气体的作用下揉捏面团，使其延展性得以提高。虽然面筋蛋白的软化与形成是两个相反的变化，但可以通过维持这两个变化的平衡来抑制气体逸出，从而使面团膨胀，制作出弹性好、延展性强的面团。

Q102 用于盛放揉好后的面团的容器，其大小为多少较为合适？

A 为面团大小的 2~3 倍。

醒发时，应将面团放入适当的容器内。在面团醒发程度达到顶峰时，膨胀的面团恰好可以占满整个容器，则该容器为最佳容器。

若使用相对面团量较小的容器的话，醒发的面团就会处于绷紧状态。相反，使用较大的容器，醒发的面团就会过于松弛。

总之，应选择大小相当于面团 2~3 倍的容器进行醒发。而后，可根据醒发好面团的膨胀状态重新更换容器。

Q103 为什么醒发过程中要保持面团处于湿润状态？

A 因为面团干燥会对其膨胀程度造成影响。

醒发中，面团会膨胀到原来的 2 倍左右。因此，随着面团的不断膨胀，其表面的延展性就会减弱。同时，若面团表面变得干燥，就会影响其膨胀感，烘焙的面包过于坚硬。

为了进行有效的醒发，只有将相对湿度控制在 70%~75%，面团的表面才不会呈现干燥状态。虽说如此，也并非一定要符合这个数值，还需要通过亲手触摸面团来断定面团表面的干湿程度。在室温下进行醒发的时候，最好在面团表面覆盖一层保鲜膜。

相反，若面团表面积水，则说明相对湿度过大。

Q104 如何断定面团醒发的最佳状态？

A 观察面团状态并通过触摸进行断定。

醒发状态较好的面团，首先可以通过眼睛看出来，它应该处于膨松的状态。除此之外，还可以通过用手触摸面团看是否产生弹力，或用手指检测法（请参阅 Q105）来进行判断。

在后一种断定方法即触摸法中，用手指肚轻轻按压面团，手指移开后面身上仍存有压痕时，可以判断出面团达到了最佳醒发状态。若手指移开，压痕也随之消失则表明醒发程度尚不足。

若此时的面团表面湿润，则需用手蘸着扑面在面身上轻轻涂抹。

通过轻轻按压后面团上的指痕状态进行醒发程度的判断

仔细看哦

轻轻拍

详细说明 关于断定面团醒发最佳状态的两个观点

　　断定面团醒发的最佳状态时，面团的膨胀与否是以酵母产生的二氧化碳的量为基础进行判断的。

　　另外，手指检测法与触摸法都是以面筋蛋白弹力为基础进行确认的。酵母释放的二氧化碳会由内向外扩张面筋蛋白膜，结果会导致面筋蛋白弹力减弱、轻轻按压后仍留有压痕。此时面团质地十分松软（请参阅 Q128 的详细说明）。

　　正因如此，可以从面团的膨胀度与松弛度两个方面对其醒发状态做出判断。

Q105　**手指检测法是什么？**

A　手指检测法是通过将手指插入面团内来确定醒发进展状况的方法。

　　手指检测法（指穴测试），顾名思义，是指通过将手指插入面团内进行醒发情况判断的方法。

　　面团醒发的最佳状态：手指插入面团后再拔出，小洞边缘处的面团会向内稍稍紧缩但仍存有洞眼。

● 手指检测法

用手指蘸取适量面粉

将手指插入面团至手指的第二关节处后，按原路线拔出手指

● 不同醒发程度的面团对比图

| 醒发过度 | 醒发适当 | 醒发不足 |

面洞虽稍有缩小，但大体可以保持原状

面团有复原趋势，面洞变小

　　若面团醒发程度不足，插入手指时会强烈地感觉到面团的弹力，拔出手指后小洞消失。此时，需使面团再醒发一段时间。

　　假如过了醒发顶峰，面团就会失去弹性，插入手指后整块面团就会坍塌下来。

面团坍塌，表面产生许多大气泡

Q106 增加酵母量可缩短醒发时间吗？

A 若为香醇型软面包的面团的话则可以。

对于香醇型软面包而言，增加酵母的量可以在一定程度上缩短醒发时间。

在香醇型面包的面团中，因加有许多副原料，像糖类、乳制品、油脂、鸡蛋等，即使醒发时间短，也能产生面包具有的独特风味。并且，通过使用蛋白质含量高的高筋粉，加大和面力度促进面筋蛋白形成，使面团呈现较强的延展性。加入油脂等则可以使面团更易于拉伸，质地膨胀且表面光滑。因此，

即使放入大量酵母，在短时间内释放大量气体，也有醒发不完美的可能。

在本书的配料中，可以将酵母的量增多至原来的2倍。随酵母数量的增多，基础醒发及最后醒发的时间就可以大约缩短10min。唯一的缺点是，面包有可能会干巴。

在法式面包这种清淡型硬面包中，虽然可以在一定程度上增加酵母的量，但不建议缩短醒发时间。

为什么呢？这是因为这种面包只用到了面粉、水、酵母及盐等简单原料，为了制作出味道浓香的面包，必须延长醒发时间。只有时间延长了，才能够产生面包的那种独特口味与风味（请参阅Q172）。

因此，增加酵母量、缩短醒发时间会完全改变烘焙面包的形状、风味和口感。

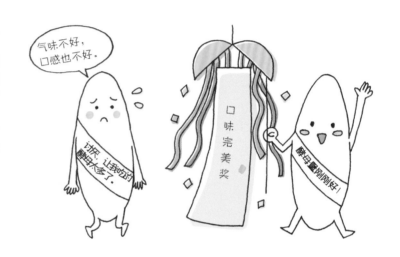

Q107 基础醒发与最后醒发时的相对湿度大致为多少？

A 为70%~75%。

在基础醒发与最后醒发中，最好将醒发器内的相对湿度保持在70%~75%。这个数值是通过湿度计得出的。如果没有湿度计，可以使面团表面保持在微微湿润的状态。若面团表面出现积水，则说明相对湿度过大。此时，应打开醒发器的盖子，排出多余的湿气。

Q108 按照配方中的要求进行基础醒发和最后醒发，为什么还会出现醒发过度或不足的情况呢？

A 主要原因是揉好的面团温度与理想温度之间存在偏差。

若基础醒发和最后醒发的温度升高、时间延长，则会出现醒发过度的现象；反之，温度降低、时间缩短，则会导致醒发不足。可是，有些时候，虽然是按照配方上记录的温度与时间进行操作的，但仍会产生醒发过度或不足的结果。

醒发前，像在面团成团的时候、最后醒发前成形的时候，也可根据面团表面的绷紧状态来判断面团是醒发过度还是醒发不足。

当面团张力较弱时，若还按照配方中介绍的时间进行醒发的话，面团就会醒发过度，呈现松弛的状态。相反，当面团张力较强时，它就会因醒发不足而呈现面质紧缩状态。此时，为使面团达到理想状态，有必要延长醒发时间。无论是面团的揉捏力度不够还是成团、成形中的面团张力不足，面团都会松弛下来。

Q109 为什么基础醒发及最后醒发的温度、相对湿度及时间等因素会因面包种类不同而产生差异呢？

A 若原料及其搭配、制法不同，制得的面团状态就不同。

一般来讲，从和面到烘焙，每种面包的操作流程都大致相同。但是，在基础醒发及最后醒发的工序中，温度及时间等重要因素会因面包的种类而产生差异。因此，每种面包的用料及其搭配、制法不同，从而使制得的面团状态也不相同。

例如，奶油卷中酵母的使用量较多。因此，所需的醒发温度就比较高，从而醒发时间就会缩短。而法式面包、山形吐司的酵母用量较少，醒发温度降低，醒发时间也因此延长。

对于法味朵风而言，即使酵母用量与奶油卷相同，也需降低醒发时的温度。其目的是为了不使黄油熔化。而醒发温度低了，时间自然就会延长。

Q110 为什么基础醒发与最后醒发的温度不同？

A 两道工序进行的目的不同。

一般来讲，最后醒发中设定的温度都会比基础醒发中设定的温度高一些。基础醒发与最后醒发都是利用酵母的酒精发酵来使面团膨胀的。在最后醒发与基础醒发中之所以会产生温度差，是因为两次醒发的目的不同。

酵母在37~38℃的温度下释放的二氧化碳量最多。但是，实际的面包制作过程一般都是在25~35℃的温度下进行的。为什么呢？因为醒发的目的是使面团在充分膨胀的同时也能达到熟成并在面团内积存一些醇香。而在面团达到膨胀状态之前需要花费很长一段时间，所以有必要足够耐心地等待面团醒发（请参阅Q101）。

因此，要将温度设定成稍低于二氧化碳最大产生量时的温度。二氧化碳的不断产生，会对酵母的活动产生一定抑制。此时，为了让酵母能够长时间处于稳定状态且持续释放气体，需要缓慢地进行该工序，而不是在刚开始就耗完所有的能量。

此外，保持二氧化碳释放量与面团状态间的稳定是十分重要的。由于酵母短时间内释放了大量气体，面团不停地膨胀以至于无法拉伸。因此，只有下功夫控制二氧化碳生成量，才能够使面团膨胀到延展性强、富有弹力的良好状态。

在进行最后醒发时，为了使烘焙后的面包体积饱满，要格外注重气体的生成。因此，在烘焙前应将最后醒发温度设定在稍高于醒发温度的 30~38℃。这样做可以使酵母的活性达到最大。

Q111 面团在基础醒发及最后醒发中达到的完美状态是一样的吗？

A 不一样。基础醒发中面团的完美状态指膨胀到最饱满的程度，而最后醒发中面团的完美状态指达到膨胀峰值前的状态。

基础醒发的最基本做法就是使面团的膨胀度达到峰值，之后继续醒发直至面团瘫软为止。

然而，在最后醒发中，面团的完美状态却为膨胀度达到峰值前的那个状态。为什么呢？这是因为在烘焙面包时，在面团内部温度达到 60℃ 之前，酵母会持续进行酒精发酵并释放二氧化碳的缘故。

Q112 对于相同原料制成的面团而言，最后醒发的时间会随面团大小的改变而变化吗？

A 会随面团的大小及形状的不同产生些许变化。

即使面团重量相同，当面团形状发生改变至球形时，面团的中心温度也会上升。又因这一过程会花费时间，所以最后醒发的时间可能稍有延长。但是，醒发时间并不随面团重量增大而延长。比如：面团重量增加 1.5 倍，醒发时间就会增加 1.5 倍。这种比例关系是不存在的。请根据面团的醒发状态来控制时间的长短。

Q113 最后醒发结束的断定方法。

A 用手指轻轻按压面团后，面身上仍存有压痕，此时可以确定最后醒发完成。

在最后醒发中，面团的完美状态为膨胀度达到峰值前的那个状态（请参阅 Q111）。大概的断定依据为面团的膨胀度以及松弛度。

面团成形后会膨胀到原体积的 2 倍左右。此时，它的最佳状态为用手轻轻按压面团后，面身上仍存有压痕。

一旦过了最佳醒发状态，面团就会变得瘫软。而烘焙时，转移面团、涂抹蛋液、切入压痕等操作也都有可能使面团瘫瘫下来。

相反，若面团未达到最佳醒发状态，烘焙完成时的面包就会呈现出体积过小、表皮出现裂口、内瓤纹理过密、表皮颜色深浅不一等现象。

● 最后醒发后的面团状态与烘焙后的状态比较

醒发过度	醒发适度	醒发不足
用手指按压，压痕清楚明显	用手指按压，显有微弱压痕	用手指按压，压痕反弹
面包体积过大，表皮出现褶皱	烘焙出的面包外形完美	面包干瘪、卷痕裂开

排气之"为什么"

Q114 为什么要进行排气？

A 为加大面筋蛋白弹力，制作出外形完美的面包。

排气，顾名思义，就是排除面团内二氧化碳的过程。它是通过按压、拍打醒发后膨胀起来的面团的方法来实现的。并且，排气之后还要进行二次醒发。

不是所有的面团都需要排气。但有些时候，必须对面团进行排气处理。像山形吐司和法式面包这种配料简单的面包需进行缓慢醒发，像法味朵风这种面团不易膨胀的面包也需要进行醒发，因为醒发可使烘焙后的面包更加漂亮。

好不容易膨胀起来的面团一经排气就会变得干瘪，这一点总会让人觉得可惜。但是，不对面团进行排气处理、直接醒发又是不可能的，因为我们期待着二次醒发后面团所产生的完美效果。

①加强面筋蛋白的弹性

面团膨胀使得面筋蛋白膜被拉伸，因此面团弹力减弱（请参阅Q128的详细说明）。

松弛的面团受到外界刺激（比如用手撕扯）后，会形成面筋蛋白且网眼结构变得细密。又因面筋蛋白膜具有围阻酵母释放的气体的作用，所以可以通过强化面筋蛋白来达到使面团充分膨胀起来的目的。

②使酵母活性化

面团内一旦充满酒精，酵母就会因自身产生的酒精而活性降低。因此，通过撕扯面团来排除面团内的酒精，从而维持酵母的活性。

③使烘焙的面团纹理更加细密

压破面团内的大气泡，使其分散成若干的小气泡，从而使烘焙后的面包质地更加细密。

Q115 排气时，为什么按压面团？

A 因为拍打、揉捏容易破坏面团质地，降低面团的膨胀度，因此只能通过拍打来进行排气处理。

说起排气，我们可能会联想到握紧拳头对面团进行击打这样的动作。但是，实际上我们是通过对面团进行按压、折叠来实现排气的。如果用力拍打、揉捏面团，就会破坏掉面筋蛋白的网眼结构。因而在之后的醒发中，被破坏的面筋蛋白膜不再能围阻二氧化碳气体，导致二氧化碳气体散失、面团变得不再饱满。所以说最关键的一点就是，在尽可能不破坏面团的情况下排气。

Q116 每种面包的排气处理都相同吗？

A 排气处理方法因面包种类而异。

每种面包都有其独特的排气方法。根据面包种类，可分为四种：

①强度排气法

强度排气法适用于软系列面包和体积饱满的面包面团的排气处理。这种方法通常用于想要最大限度地展示排气效果的情况。

②微强度排气法

此种方法适用于软面包系列及微清淡型面包。

③微轻度排气法

此种方法适用于半硬面包面团的排气处理。

④轻度排气法

此种方法适用于硬面包面团的排气处理（本书中法式面包的第二次排气使用的就是此方法）。因面团的膨胀性很弱，请尽量轻轻地按压面团。

应根据折叠面团的次数、折完面团后是否进行按压以及按压力度等因素来调整排气强度。

有时也可根据面团的状态改变排气强度。例如，醒发后面团松弛、保气能力弱时，需要加大排气强度，刺激面筋蛋白使面团产生弹力。相反，过度醒发后面团的质地仍过于紧密时，需要用微弱的力度进行排气。

Q117 排气强度过大时，面团会如何变化？

A 面团的弹力增强。

每种面包都有其适合的排气强度。一旦超过这个度，面团的弹力就会增强，从而使得烘焙出的面包内瓤暴露，表面出现裂痕。

排气强度过大时，面包弹力就会过强。所以要尽量延长一些醒发时间，这样做可以适当降低面包的弹力。并且，在之后进行的面团搓圆及成形工序中，还要适当地使面团质地松弛些。

Q118 即便醒发后的面团不怎么膨胀，但只要过了醒发时间，就要对其进行排气处理。这种做法好不好？

A 不好，应根据面团处于醒发时间的哪个阶段来决定是否进行排气处理。

在总醒发时间（排气前的醒发时间与排气后的醒发时间之和）的前半段时间内进行排气，其目的是使面团产生弹力。因此，不论面团会不会膨胀起来，都应该按时对面团进行排气处理。本书中介绍的法式面包，其第一次排气处理就是在这段时间内进行的。

在总醒发时间的后半段，要等面团充分膨胀后再进行排气处理。

在面包制作过程中，我们要时刻记住：面团的外表面将是烘焙面包的表皮，影响着面包的美观。因此，要尽量将面团的外表面搓得光滑细腻些。

分割之"为什么"

Q119 面团有里外面之分吗？

A 光滑细腻的表面是面团的外表面。

和面刚结束时，面团是没有里外面之分的。但是在醒发前，将面团搓圆后它开始具有光滑细腻的表面。并且在以后的工序中，通常就是以这个面作为面团的外表面进行操作的。

虽说如此，在进行面团分割时，这个表面会变得干燥粗糙。所以我们要重新选取其他干净细腻的地方作为外表面来揉捏、搓圆面团。

Q120 分割时，为什么要用刮板对面团进行压切？

A 若用手撕扯面团，会使面团质地受损、膨胀度减弱。因此，用刮板进行压切。

分割面团时，要迅速取出醒发好的面团，并用刮板压着切开。不能用手撕扯面团或者像用菜刀一样移动刮板切割，这样会对切口处面筋蛋白的孔眼结构造成破坏，从而损伤膨松的面团。

分割面团时，要轻轻地取出面团，用刮板压着面团进行切割。如果用手撕扯面团、前后拉拽菜刀进行分割的话，会造成面团内二氧化碳的大量散失，切口处面筋蛋白的网眼结构受损，面团的膨胀度减弱等。

压切面团时，要做到"快、准、狠"，即要保证切口处面团不发生黏结，切割后的面团之间立即分离。此外，不要将面团分割得过碎。因切碎会增加切口数，从而导致面团内部结构受损。尽量做到均匀等量地分割面团。切割后，要对质量不足的面团进行填补，对质量多余的面团进行去除，并尽量做到均匀分割，减少对面团的切割次数。

●切割方法与断面状态

正确切法（左）
断面干净漂亮
错误切法（右）
断面粘连收缩

正确切法
压着切，切口分离

错误切法
像菜刀切肉一样，前后拉拽着切割

Q121　为什么要均匀分割面团？

A 使每块面团的烘焙时间相同。

若面团分割得不均匀，那么每块面团的烘焙时间就存在差距。即烘焙小面团花费的时间少，大面团的烘焙时间相对较长。如此一来，在烘焙过程中，我们就要反复打开烤箱门取面包。因此，在这个过程中，烤箱内的温度就会降低，面团状态急剧恶化。

只有均等地切分面团，才可以保证每块面团的烘焙时间相同。并且，烤出的面包也会呈现出完美状态。

Q122　面团剩余时，我们该怎么做？

A 调整每块面团的大小，尽量做到均等分割。可用剩余的面团为原料对其他面团进行多减少增。

虽然都是按照配方中介绍的标准量对面团进行切分的，但实际操作中，分割后的面团仍会有分割不足、分割过多的情况。其产生的原因在于，每次向面团内加入的调整水量与和面中损失的面粉量的总量在不断变化。

为了做到面团不浪费并尽可能减少切割的次数，建议在一开始就进行这样的工作：称量面团总量，根据所需面团的个数对其进行分割，之后计算出每块面团的理想重量，最后按照结论进行实际操作。

虽然分割后的面团重量会多少与理想值发生偏离，但微小的差距是不会影响原定条件下的醒发与烘焙的。

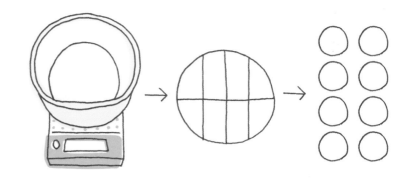

搓圆之 "为什么"

Q123　面团搓圆的秘诀以及搓圆后面团应达到的**最佳程度**。

A 最佳程度为面团表面鼓起来且光滑。

搓圆的目的不单是调整面团形状使之变为球形，更重要的一点是使面团表面鼓起来。

普通人的右手干活起来较为灵活，这时，我们就可以用左手托住面团，用右手扣紧面团并逆时针方向旋动，然后不断地用指尖将面团的边缘部分捻入面团底部，使面团表面变得鼓起来、光滑。这个

动作同样能在面板上进行，只需将面团放在面板上，按同样方法用手转动搓圆面团即可。

搓圆结束后，用指尖按压面团表面，若指尖离开后面身上仍存留压痕，则说明面团搓揉得很成功（请参阅 Q130 ）。

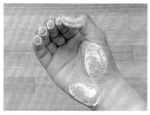

搓圆时，手上或面板上应蘸有少量扑面

● 搓圆动作示意图

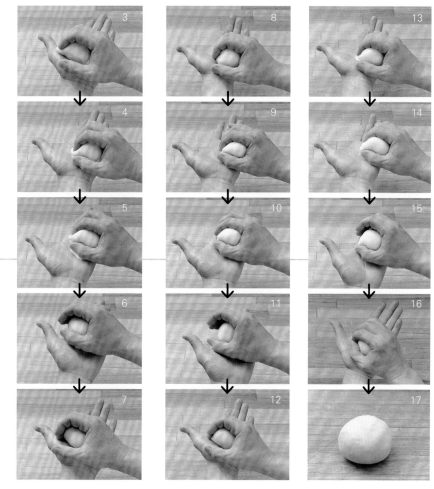

右手扣紧面团并逆时针方向旋转（左手的情况下要顺时针方向旋转）

Q124 搓圆时，为什么还要使面团表面鼓起来?

A 面团鼓起来，表面就会形成一层阻碍面团内二氧化碳散出的面筋蛋白膜。

　　面团分割后，其切口处的面筋蛋白结构受损，摸起来感觉黏糊糊的。此时，将面团的切口向内挤压，使面团光滑细腻的一面朝外并鼓起来，继而再揉搓面团。如此一来，面筋蛋白结构被破坏的部分就被包裹在内，面团的表面变得紧密光滑。

　　此时，面团的表面绷紧、鼓起来，面筋蛋白结构就会与揉面时受到一样的刺激。从而，面筋蛋白得到强化，面团变为鼓起来的状态（参照Q128的详细说明）。这样一来，面团内部所产生的二氧化碳就不会跑到外面去了。

Q125 将面团放在手心上，不能很好地搓圆。此时该怎么办？

A 将面团边缘部分向底部捻入，使面团表面鼓起来。

将面团放在手心上，若不能很好地搓圆时，则单手拿面团，另一只手将面团的边缘部分捻入底部，这样整块面团就可以鼓起来了。尽量做到使捻入底部的面团聚集在一起，反复上述操作，提升面团表面的鼓起度。

● 使面团表面鼓起来的方法

Q126 如果手不能握住整块面团且面团不能顺滑地在手中滚转。此时该怎么办？

A 把拇指和食指之间的距离拉宽。

如果不能较好地握住整块面团，那么要使拇指和食指之间尽量大地张开以扩大手中空间，从而包住面团。按照 Q123 中介绍的要领搓圆。如果还有困难的话，则可按 Q125 提示的那样进行。

通常情况下，滚圆面团时手的形状

手握不住整块面团时，需要张大两指间的距离

Q127 面团起裂，应该是什么状态？

A 面团无弹力且表面粗糙。

我们把面团质地松弛、无弹力且表面十分粗糙的状态叫作面团的起裂。在分割面团之后或成形时，尤其是搓圆面团、成形时，特别容易发生面团起裂现象。所以，在实际操作过程中，我们要格外注意这一点。

在搓圆和成形中，最重要的一点不仅是调整面团形状，而且还要使面团表面适度地鼓起来。虽说应该调整面团形状使其达到完美状态，但过度地揉捏面团会使其表面变得粗糙、凹凸不平，从而会导致即使面团进行了较长时间的中间醒发及最后醒发，面团最后也不会很好地鼓起来。因此，也不会制得完美的面包。

此外，根据面团的种类不同，发生起裂的程度也不同。对于质地坚硬且延展度低的面团以及法式面包这种清淡型硬面包的面团而言，搓圆时即使用力稍稍过度，面团也会发生起裂现象。因此，要十分注意。

表面鼓起、光滑的状态（左）
面团粗糙、表面凹凸不平的状态（右）

中间醒发之"为什么"

Q128 **为什么有必要进行中间醒发？**

A 可使因搓圆而产生弹力的面团变得松弛、易成形。

把面团分割后搓圆然后再团在一起，让面团静置一段时间。这个过程叫作中间醒发。

搓圆不同于揉面团，但同样对面团产生刺激，使面筋蛋白得到强化，从而产生弹性。但是，想要立刻对面团进行成形处理是不可能的。搓圆后的面团易收缩，形状与预想中的不符，并且还容易发生断裂。

因此，需要让面团进行中间醒发。这样一来面团能够继续醒发，与以前相比，或多或少会变得膨胀些。正因如此，面筋蛋白膜被拉伸，面团变松弛，弹性减弱，易于成形。

详细说明 **面团的膨胀和松弛**

面团一经揉搓，就会形成面筋蛋白，且弹力增强。将这样的面团进行醒发的话，最终能够使面团弹力减弱且变得松弛。对面团分割、搓圆，可使面团再次绷紧。中间醒发又可使面团再次松弛下来。接着，成形时面团又开始绷紧，最后醒发后面团又重新松弛下来。像这样对面团进行一系列的加工，使面团反复绷紧、松弛。这是由面筋蛋白"加工紧绷"和"构造松弛"之间的平衡而引起的反应。

所谓"加工紧绷"，是指面团一经加工（受刺激），面筋蛋白的网眼结构就会变得致密，面团的稳定性也会增强。而所谓"构造松弛"，则是指面筋蛋白的网眼结构中的一部分发生断裂，从而组织变得不稳定，面团变得松弛。虽然"加工紧绷"与"构造松弛"属于相反结构变化，但并不是说每次变化只会发生其中的一种。这种变化如同天平一样，一直处于不断变化的状态但又一直维持着平衡。如果面团的绷紧度变高，面团的性质表现为紧缩；而面团的迟缓度变高，面团就变得十分松弛。所以制作面包时，掌握面团的紧绷与松弛的平衡是十分重要的。

过度醒发就是紧绷和松弛失去平衡的例证。它更倾向于松弛的状态，面筋蛋白的结构也极度脆弱易受损。因此，过度醒发的面团一经接触，就会松弛下来，达到了排气所具有的相同效果。

此外，为了保护面团中的二氧化碳气体不逸出，必须使面筋蛋白的网眼结构变密集，从而制作出有弹性的面团。而要使面团膨胀起来，仅使其弹力增强是不够的。为了使面团两全其美，具有较好的延展性也是十分必要的。这种延展性与"紧绷、松弛平衡"也有关系。当面团高度紧绷时不具有延展性，一旦面团松弛下来，延展性便会随之出现。

面团内部经常发生人眼所不能看见的结构变化。这些结构上的改变通常都是处于平衡状态的动态变化。如果我们能够提前了解面团的这种性质，那么在实际操作中处理面团时，将会如鱼得水、一展神通。

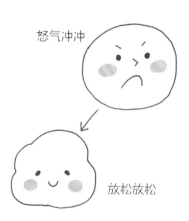

怒气冲冲

放松放松

Q129 为什么中间醒发最好在醒发器内进行?

A 醒发器醒发条件较好。虽然可以在室温下醒发,但注意不要使面团变干燥。

在分割之前,基本上都是将面团放入醒发器中进行醒发的。但是,如果室温达到 25℃左右的话,也可以不送回醒发器,直接在室温下醒发就可以了。不过,面团在室温下醒发时,要注意不要使面团变干燥。成形时,如果面团表面变干,就达不到最佳状态了。

相反,如果在醒发器中进行中间醒发的话,要注意调整醒发器内的相对湿度,不要使面团发黏。

Q130 中间醒发结束的断定方法。

A 用指尖轻轻按压面团,若指尖移开后面身上仍有压痕存在,则说明中间醒发可以结束。

在中间醒发过程中,让面团稍稍静置,直至搓圆时面团产生的弹力减弱、整块面团松弛下来为止。因面团的种类、大小以及搓捏强度不同,所需的醒发时间也有所不同。中间醒发结束的大概标准为:用指尖轻轻按压面团,指尖移开后面身上仍有压痕存在。

中间醒发与基础醒发、最后醒发相比耗时较短。在最后一个面团搓圆结束后,最初搓圆的面团可能会在某种程度上变松弛。所以,请根据实际情况对面团做相应的处理。

● 中间醒发前后面团状态的比较

面团松弛,指尖按压后面团上就会有余痕存在

面团具有弹力,指尖按压后面团上不留余痕

成形之"为什么"

Q131 成形时,面团表面产生大气泡,此时该怎么办?

A 轻轻按压挤破气泡。

在成形阶段,如果面团表面出现大气泡,一定要用手挤破。因为如果不挤破气泡,在最后醒发时,气泡会继续膨胀,影响面包的外观与口感。

挤破气泡时,并拢除拇指外的四指,对准面团,使用指腹部分像拍气球一样轻轻地按破气泡。

轻轻地按破气泡

Q132　成形时，为什么要搓捏、按压接合处？

A　防止面团膨胀时接合处裂开。

　　将面团整形成圆形或棒形时，面身上会产生接合处。此时需用手指搓捏、按压接合处使之紧紧地粘在一起。因为在最后醒发以及烘焙的过程中，接合处如果黏结不紧，可能会因面团膨胀而断裂开。

Q133　为什么要使接合处朝下来摆放面团？

A　防止接合处裂开导致面团表面失去张力。

　　将面团摆放在烤盘上或是放入面包模内时，应使面团的接合处朝下。因为摆放时露出面团的接合处，单从外表上来讲就不美观。并且在最后醒发和烘焙过程中，接合处有可能因为面团膨胀而发生断裂，从而导致面包表面没有张力，形状丑陋。

烘焙之 "为什么"

Q134　将面团摆放在烤盘上时，有什么需要注意的地方？

A　等间距摆放。

　　因面团醒发后体积会膨胀，如果将面团摆放得距离过近，膨胀后的面团容易黏结。所以要留出足够间距进行摆放。此外，等间距摆放还有助于面团保持平衡，使其不发生倾斜。其原因在于，如果面团间的距离有偏差，那么烘焙的面团受热不均，从而制得的面包表皮会起泡，最终导致面包倾斜。面泡产生与烤箱也有一定关系。所以，在实际操作中，一定要熟悉所用的烤箱，进而决定如何摆放面团能使其受热均匀。

Q135　结束成形工序的面团太多，不能一次性全部进行烘焙。怎么办？

A　分两批进行烘焙。可适当延缓第二批进行烘焙的面团的成形工序。

　　因为烤盘上盛放不下所有已成形的面团，所以不能一次性烘焙所有的面团。此时，应将面团分为两批进行烘焙。
　　但是，当第一批面团进行烘焙时，第二批等待烘焙的面团会继续醒发，导致面质松弛而不利于烘焙。因此，要预先将面团分成两批并相应地延长第二批进行烘焙的面团的最后醒发时间。

　　为此，我们可以将第二批进行烘焙的面团置于温度较低的冰箱内，让其进行中间醒发，这样就能延长面团开始成形的时间了。此外，也可以考虑在温度较低的地方进行最后醒发，这种方法所用的时间同样很长。总之，我们要选用简单的方法来达到相同的目的。
　　第二批烘焙的面团在成形后应摆放在和烤盘差

不多大的烘焙纸上，进行最后醒发。

然后，当第一批面团结束烘焙后，将烘焙好的面团连同烘焙纸一起转移到空盘子里，开始进行第二批面团的烘焙。

只是，即使采用这样的方法进行烘焙，第二批面团的烘焙状态也依然没有第一批烘焙出的效果好。但是，出现这种现象是在所难免的。

Q136 为什么烘焙可以使面包膨胀起来?

A 在烘焙的前半段中，面团发生酒精发酵；在后半段中，气泡内的二氧化碳受热膨胀并且水分开始蒸发。因此，面包会发生膨胀。

人们一般会这样认为：如果将面团放入温度近200℃的烤箱中后，酵母就会立刻失去活性，再也无法释放二氧化碳气体。其实并非如此，酵母不会立刻失去活性。这是因为面团自外皮开始受热到热能传递到面团中心部分为止，这一过程需要花费相当长的一段时间。面团适度醒发后，其中心温度会达到30~35℃。酵母在37~38℃时，气体产生量会达到峰值。之后，温度继续升高至45℃左右，酵母活跃，会持续释放出二氧化碳气体。如果温

度超过45℃，酵母活动就会逐渐衰弱。继续升高至60℃左右时酵母失去活性。但同醒发时一样，酵母仍会释放二氧化碳气体使面团膨胀。

酵母失去活性后，气泡内的二氧化碳气体会在高温条件下受热膨胀，面团内的一部分水分变成水蒸气，因此面团的体积不断变大。而且，这些气体及水蒸气都是由面团内部向外扩散的，所以可以使面团进一步膨胀。

Q137 请告诉我面团受热的机制。

A 蛋白质变性使面团硬度变大，淀粉发生糊化质地变软。因此面团可以受热。

烘焙面包的目的是通过加热面团而制出味美可口的面包。特别是蛋白质（含有谷蛋白）和淀粉受热能发生性质上的变化，这成为面团能够受热的至关重要的因素。

①蛋白质的变化

将两种蛋白质（麦胶蛋白、麦谷蛋白）用水浸透后施加外力，可以形成面筋蛋白。并且，这种面筋蛋白还会在面团内形成网眼结构，包裹住面团内的气泡。当烘焙温度达到75℃左右时，面筋蛋白就会排出水分变硬。而网眼结构保持不变，继续维持面团的膨胀形态，成为面包坚实的骨架。

②淀粉的变化

面粉中的淀粉（受损淀粉除外，请参阅Q18的详细说明②）从和面开始到最后醒发结束，都不会吸收水分，也不会在外观上发生太大的变化。

烘焙中，若面团温度达到60℃左右，淀粉粒就开始吸收水分并膨胀变软。当温度达到85℃以上后，面团开始产生糨糊似的黏着性（糊化）。随着温度进一步升高，一部分水分会从淀粉中蒸发出来，淀粉变硬成为松软面包的支撑部分，并从外面包裹住气泡，柔和地支撑着整块面包的组织。

此外，加热前的面包面团之所以不能食用，是因为生淀粉具有致密的结构，我们体内的消化酶（淀粉酶）对其几乎不起任何作用，因而面团不容易被我们消化吸收。只有面团内的淀粉产生糊化作用变软后，面包才可以食用。

详细说明①　什么叫作蛋白质的变性？

　　如果将含蛋白质的食品加热的话，那么蛋白质之间会互相聚拢。在这期间，蛋白质排出水分结为一体，变成硬块。像这种在加热等因素作用下，蛋白质的原结构发生巨大变化而引起性质的变化叫作"蛋白质的变性"。变性程度越大，蛋白质越硬、越稳定。

　　制作面包时，因面粉与鸡蛋等原料中含有蛋白质，故面团加热后也会变硬。

详细说明②　什么叫作淀粉的糊化？

　　向淀粉中直接加入的水分不会被淀粉吸收。因为淀粉粒中含有两种淀粉分子（糖淀粉、胶淀粉），这两种分子具有连水分都无法通透的致密结构。

　　但是，当淀粉粒和水一起被加热的话，这种结构就会松动。水分开始可以从间隙内渗入，面团开始吸收水分。而糖淀粉、胶淀粉的分子内部也有水进入。因此，淀粉粒含水膨胀、结构瓦解，

产生了像糨糊似的黏着性。这种现象叫作"淀粉的糊化"。

　　在面包等物质的面团中，如果发生糊化后温度继续升高，那么淀粉就会锁住一部分水分，另一部分水分蒸发，从而面包变硬。

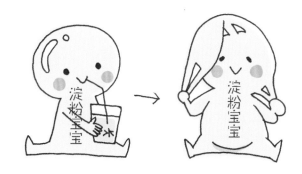

Q138　**为什么必须将烤箱提前预热？**

A　如果不提前预热的话，那么烘焙时间就会延长，烤制出的面包就会变硬。

　　有必要在烘焙前将烤箱预热至烘焙温度。如果不进行预热，直接由低温开始对面团进行烘焙的话，那么面团中的水分就会过度蒸发，从而导致烤好的面包内瓤部分（中心）变得又干又稀松，面包外皮（表皮）变得又厚又硬。

Q139　**喷雾后再进行烘焙，对面包有何影响？**

A　烘焙好的面包体积变大。

　　在烘焙过程中，面包内部会像被擀压时一样开始膨胀。只有当其表面被烤得变硬时，面团才会停止膨胀。烘焙前，如果对面团进行喷雾的话，因面团表面湿润，可延长面团表皮在烤箱中变硬的时间。

　　因此，面团膨松，面包饱满。

　　而在烤箱中喷雾或在面团表面涂抹打散的蛋液，也能起到相同的效果。

Q140 面包种类不同，需要改变水蒸气的量吗?

A 面包种类不同，需要改变水蒸气的量，这样烘焙的面包才能接近理想状况。

烤箱具有产生水蒸气的功能。烘焙时，如果水蒸气的产生量很多（排出水蒸气的时间变长），那么烤出的面包体积就会变大，面包皮（外皮）就会变薄，而且外观细腻、有光泽，味道清淡。相反，如果水蒸气的量很少，那么烘焙出的面包体积就会很小，而且面包皮很厚，表面看起来没有光泽，所以口感很粗糙。这样做成的面包与理想面包相比，还是存在差距的。

所以我们可以根据面包的种类与制作人的喜好来改变水蒸气的量，从而制作出更加可口的面包。绝不能使水蒸气的量过多或者过少。

Q141 涂抹蛋液后立即进行烘焙，面团会出现什么变化?

A 面团表面呈金黄色且具有光泽。

在面团表面涂抹蛋液后立即烘焙，得到的面包表面呈金黄色且具有光泽。在本书中制作奶油卷时，虽然使用鸡蛋作为原料，但要想增强面包表面的金黄色，还需加大蛋黄的使用量。相反，只想让面包具有光泽，只需加入蛋白即可。除此之外，也可以通过加水稀释蛋液来使烘焙的面包具有光泽。

涂抹蛋液与喷洒水雾都能够使烘焙的面包体积变大。烘焙时，提前打湿面团表面，这样能够减缓面包变硬，维持面包表皮较好的延展状态。但是，因鸡蛋受热凝固，故喷雾烘焙的面包比涂抹蛋液烘焙的面包膨松度好。

有些面包即使涂抹蛋液，也不会被着色，反而会被烤焦。对于这样的面包而言，最好不要使用蛋液进行涂抹。

详细说明 为什么涂抹蛋液后再烘焙会使面包变成金黄色并具有光泽?

一方面，面包之所以会变成金黄色，是因为在类胡萝卜素的作用下，蛋黄呈现出金黄色的缘故。另一方面，面包之所以具有光泽，是涂抹的薄层蛋液中的蛋白成分会变硬成膜状的缘故。

另外，涂抹蛋液易使面包烤焦，其原因为：鸡蛋内含蛋白质、氨基酸及还原糖，高温下会发生氨基 - 羰基反应（请参阅 Q36），从而使烤制的面包呈棕褐色。

有光泽

Q142　如何完美地涂抹蛋液？

A 使用软毛刷蘸取蛋液进行涂抹。

用滤茶网或过滤器充分打散蛋液，可方便涂抹。尽量选用山羊毛等质地柔软的材料制成的刷子进行涂抹，这样不会对面团造成损害。毛刷用水润湿，控掉水后再用来蘸取蛋液进行涂抹。

若蘸取的蛋液过多，则有可能造成多余的蛋液洒落在大盆边缘、四处流淌或积存在面团的卷痕内、

易产生厚疙瘩等结果。

涂抹蛋液的关键点：放平毛刷，用手拿住毛刷柄部下方，通过挥动手腕，沿面团的切痕轻轻地涂抹。手持毛刷柄部下方可节省涂抹时的用力。

●毛刷的持法

使用拇指、食指和中指三根手指轻轻拿住毛刷柄部下方

●预先准备

提前过滤蛋液

利用大盆边缘刮掉毛刷上多余的蛋液

●蛋液的涂抹方法

使用毛刷以接近平行于卷痕的角度对面团的正反面进行涂抹

Q143　涂抹蛋液时，有哪些需要注意的地方？

A 注意蛋黄用量、涂抹力度。

下面介绍一下涂抹蛋液成功与失败的例子。

●失败的例子

成功的例子

使用毛刷尖进行涂抹

涂抹力度过大，面团表皮被破坏

蛋液量过多，流淌在面团上

Q144 根据什么条件判断烘焙是否完成？

A 烘焙颜色与烘焙时间。

配方上明确标明：应根据面包种类与大小来决定合适的烘焙时间。以此时间为基准进行烘焙，可使面包色泽达到理想状态。

Q145 按配方上标明的温度与时间对面包进行烘焙，结果面包烤焦了。这是为什么？

A 经反复尝试得知：其烤焦的根源在于烤箱本身。

因烤箱自身原因，即使设定温度与配方中的烘焙温度相同，最后烘焙花费的时间以及烤好的面包状态与理想情况也有所不同。根据热源（煤气、电力）不同，被加热物体的最后变化状态也不同。即使都是电烤箱，因烤箱的机型有差异，从而导致其构造与加热方式也随之改变。所以只有熟悉自己烤箱的性能，才可对其进行调节制作出完美的面包。烤成的基础是按照配方中标注的时间进行烘焙。如果按照此温度进行烘焙，面包烤焦了，那么请适当地调一下温度。

例如，若烘焙完成时间长于配方中标注的时间，则会导致面包内水分丧失。因此，要提升烘焙温度。相反，若烘焙完成时间短于配方中标注的时间，则会导致面包外熟里生。因此，要通过降低温度来延长烘焙时间。

另外，由于烤箱内空间狭小，很容易将面包的底层和顶层烤焦，而面包侧面的着色情况也不理想。此时，如果可以改变烤箱内烤盘所处的高度，那么就相应地对其进行调高。如果这样行不通，就只能利用降低烘焙温度以延长烘焙时间的方法进行操作了。

Q146 为什么烘焙出的面包表皮颜色深浅不一？

A 因为烤箱内的加热器和鼓风器附近温度较高，使得面团受热不均。

家用烤箱内空间狭小，加热器和鼓风器的周围温度较高，使面团的受热强度增大。另外，一般情况下，烤箱内越往里温度越高，导致烘焙出的面包颜色也逐渐加深。同时，我们也能看到面包两侧的颜色也存在差异。

因此，我们需要在面包稍稍着色、变硬后互换烤盘的前后、左右位置，使烤制出的面包颜色均匀。

Q147 为什么烘焙结束后要立即拿出烤盘，从面包模中取出面包？

A 面团与烤盘及面包模接触的地方受热强度大，烘焙结束后，箱内温度降低，高温空气受冷易液化，形成水雾后会使面包变潮湿。因此，烘焙后立即取出。

将烘焙后的面包放在冷却架上，于室温下凉凉，直至热气全部散去为止。烘焙后立即完全取出面包，若不这样的话，因烤盘及面包模中尚存余热，会继续对面包进行加热。

此外，刚烘焙好的面包里尚充满着很多水蒸气，所以面包在冷却的过程中，也不断向外释放着水蒸气。

如果将面包置于烤盘及面包模内进行冷却，那么面包内的水蒸气就无法散失，面包与烤盘及面包模接触的部分就会受潮。因此，请趁热将面包放在冷却架上凉凉。

Q148　为什么要将面包从面包模中倒出来，而不是拔出来呢?

A 涂抹在面包模内的油脂量不足或涂抹不均匀。

　　为了能顺利地从面包模中取出面包，应提前在面包模内均匀涂上油脂物质。在很多情况下，因面团粘在模内而导致面包难于取出。这是由于油脂的涂抹量不足或涂抹不均匀等因素造成的。

　　此外，使用毛刷进行涂抹，能够将面包模的边边角角刷遍且涂抹得十分均匀。但是，这种刷子不是蘸取蛋液涂抹面团时的那种软毛刷，它是用尼龙制的硬毛刷。使用这种毛刷便于涂抹。

　　假如面包模内的油脂涂抹量均匀且充足，但面包仍难于取出。在这种情况下，原因可能就在于面团本身了。比如，成形后的面团表面粗糙、最后醒发时相对湿度大、涂抹在面团上的蛋液淌下并黏附在面包模壁上等，都可能成为取不出面包的原因。

　　树脂材料制成的面包模不易与面团发生黏结。因此，没有必要在模内涂抹油脂。

需要涂抹的地方面积过大时，可用手蘸取油脂直接涂抹

使用毛刷均匀涂抹模具

Q149　为什么烘焙后的面包底部和顶部会裂开?

A 这是由于最后醒发不足等造成的。

　　烘焙后，面包的底部与顶部发生断裂，可能原因如下：

　　·成形时，未捏紧面团的接合处。
　　·将面团放在烤盘上或放入面包模中时，没有使面包的接合处朝下放置。
　　·最后醒发不足。
　　·面团表面干燥。
　　·烘焙时，喷雾量不足。

　　逐条核对，检查是否吻合上述原因，并将这些经验灵活地运用到下次操作中。

Q150　烘焙好的面包为什么没能形成完美的形状?

A 和面力度不足或揉好的面团温度较低等，都有可能成为其原因。

　　烘焙好的面包膨胀度不足可作为其面包形状失去完美性的第二个原因。

　　·和面力度不足。
　　·揉好的面团温度较低。
　　·最后醒发不足。
　　·涂抹蛋液、压入切痕时，用力过大导致面团受损。
　　·烤箱温度低、烘焙时间变长，从而导致面包紧缩。

　　下次操作时，逐条核对检查，使操作顺利地进行下去。

Q 151　为什么烘焙好的面包会松弛软缩?

A 极端情况为烘焙火候不够或醒发时间过长造成的。

　　面包烘焙完放置一段时间后会轻微地松弛软缩下来，并且面包表面还会出现褶皱。这也是没办法的事情。

　　产生这种现象的原因是：烘焙完成后，面包内气泡中的气体因高温会继续保持膨胀状态，但放置一段时间后，面包温度下降、气体冷缩，从而导致面包软缩。

　　此外，刚烘焙好的面包中还含有大量未排净的水蒸气，在不断冷却的过程中，水蒸气由面包内释放出去，而面包内尚存的水蒸气又由于温度降低，气泡的体积也缩小了。与此同时，面包开始软缩，表皮出现褶皱。

　　面包外皮是水蒸气排出的必经之道，所以多少还会变软些，而褶皱也由此聚集在一起。

　　极端地来讲，可认为这种情况是由于烘焙不足、醒发过度等原因造成的。

保存之"为什么"

Q 152　请告诉我切面包的秘诀。

A 待面包完全冷却后再开始切。

　　待面包冷却到热气完全排出后再开始切割。

　　面包中的水蒸气并未完全排除，面包内瓤残留的水蒸气比外侧还要多。因此，面包内部发黏，不能干净利落地进行切割。

　　在面包不断冷却的过程中，水蒸气会在一定程度上逸出，从而使整块面包中的水分分布达到均匀。此外，糊化的淀粉也会使面包变软发黏。但是，一经冷却，面包就会变硬，从而使切面包的过程变得简单起来。

　　假如将面包从烤箱中拿出后趁热切割，结果会如何呢?

- ·面团内瓤过软，一切就碎。
- ·面包内部发黏，使得切口处十分粗糙。
- ·过量的水蒸气由切口处逸出。冷却过程中，

面包的水分减少，质地变得干燥。

　　在享受烘焙成功的面包的同时，也要正确地对面包进行切割。

●面包切割的时间点不同，形成的横断面状态也不一样

趁热切割的面包（左）
凉凉后切割的面包（右）

Q153 如何保存吃剩的面包？

A 将吃剩的面包用保鲜袋包裹存放或放入容器内进行保存。

为了使面包不变干，需要用保鲜袋包裹或放入容器内于室温下进行储存。最佳食用期限为 2 天。

如果不能尽快食用的话，可将其放入保鲜袋或密闭容器内进行冷冻保存，这样可以存放一两周。

冷冻时，需将大面包均分成小块，山形吐司可自由切割成薄片后再冷冻起来。本书中介绍的所有面包都可以用冷冻的方法进行保存。但是，水分含量较多的面包不适合冷冻储存。

Q154 为什么放置了一天的面包会变硬？

A 这是由于淀粉老化造成的。

面包会随放置时间的延长而变硬，即使放入保鲜袋中密封保存也无济于事。并不是因为面包中的水分散发了，从而使得面包变硬，而是由于面粉中的淀粉状态随时间的延长而发生了改变。

淀粉原本是不易溶于水且构造致密的物质，但在烘焙阶段，其吸收水分，产生黏性，从而变软。并且，温度一旦升高，一部分水被锁在淀粉内，另一部分水分蒸发，从而使得面包变硬。(请参阅 Q137)

发生糊化的淀粉在保存期间，好像回到了糊化前的那种构造致密的状态，它将锁住的水分排出，

与变软的那部分构造结合在一起。这个过程就叫"老化"。面粉一经老化就会变硬。从淀粉中排出的水分不会渗入面包中，但是，淀粉自身在老化作用下变硬，使得面包变硬。

因老化变硬的面包内瓤，在烤箱的回温下重新变软。通过加热，面包仿佛再次回到了糊化前的状态，这是因为其结构变松弛的缘故。但是，因老化离开淀粉的水分不会复原，所以面包变软的程度不如以前。将冷饭回锅加热，其道理与此相同。

新鲜出炉 → 冷却 → 重新加热

Q155　为什么软系列面包仅放置一天也会变硬、变干巴？

A 和面时，水分不足或力度不足。

虽然已对面包进行密封保存，但是如果面包还是过度干硬的话，有可能是原面团中水分不足导致的。若所用面粉中的水含量较少、面团湿度过低，即使和面时将所有的水全部加入，揉好的面团依旧很硬。为了让面团硬度正好，最重要的是调节水量的多少。

而且，也有可能是和面力度不足造成的。面筋蛋白是水与面粉混合后不断揉捏且面粉中的两种蛋白质吸收水分后相结合的产物。因此，和面力度不足的话，面筋蛋白形成的量就会变少。原先用于促进面筋蛋白形成的水就会在面团中剩余。而剩余水与结合了蛋白质的水相比，很难留在面团内。于是，面包就很容易变得干巴了。

Q156　请告诉我复原面包皮酥脆感的方法。

A 食用前，重新送回烤箱加热。

在面包烤好的当天，我们可以享受到酥脆的外皮与松软的内瓤，但是一旦将它放入保鲜袋里保存起来的话，酥脆的表皮就会消失得无影无踪。根据个人爱好而定，若想重新得到表皮酥脆的面包（像法式面包、法式羊角面包）时，可将面包放入预热好的烤箱内加热一下，这样面包就可以恢复到近于刚烤好的状态。冷冻面包在室温下解冻时无须从保鲜袋或容器中取出，之后取出放入烤箱内加热即可。

注意不要对面包进行过度加热。在烤箱中加热时，面包刚柔软就要将其从烤箱中取出，之后在不断散热的过程中，面包变得酥脆起来。

奶油卷之"为什么"

Q157　为什么烘焙好的奶油卷的卷痕会裂开？

A 面团过硬或卷压时卷痕处粘捏得过紧。

烘焙好的奶油卷的卷痕裂开是因为面团内的水分不足而导致的面团过硬，或者是因为成形时卷痕处粘捏得过紧、最后醒发不足。

●烘焙好的奶油卷的对比图

卷痕过紧的面团制成的奶油卷

正确

最后醒发不足的面团制成的奶油卷

过硬面团制成的奶油卷

吐司之"为什么"

Q158 **为什么要用蛋白质含量丰富的高筋粉来做吐司?**

A 为了得到延展性好的面团并增强其膨胀度。

制作面包的主要原料是高筋粉。虽然说是高筋粉,但根据产品的不同,其中所含蛋白质的量也不同,一般在11.5%~14.5%。因此,使用的面粉不同,烤出的面包分量也是有差别的。

山形吐司的特点是面质纵向延展性强且膨胀度大。从烘焙好的山形吐司的切面来看,圆形面包泡变成了纵长的椭圆形。由此可知面团是纵向延伸的。

如果想要制得这样的面包的话,必须制作出一种能够产生很多面筋蛋白且稳定地产生二氧化碳气体的组织。因面筋蛋白能够使蛋白质复原,所以应该选用蛋白质含量较多的高筋粉。

●山形吐司的面包泡

纵长的椭圆形空洞即为面包泡。山形吐司的顶部一般较为膨胀,因此面包泡会纵向变长

Q159 **如果没有配方中使用的那种吐司模,我们该怎么办?**

A 可以使用与配方中所规定的型号不同的吐司模。此时,只需通过计算比例,改变面团重量即可。

首先,计算现有吐司模的容积(计算式①)。然后,根据$1cm^3$水 =1g 水的原理,在面包模内注满水后测量出水的重量,得出的重量即相当于模具的容积。

其次,对于配方中使用的模具的容积来说,要放入多少面团,可以模面团容积比为基准,代入配方中吐司模的容积值与面团的重量值,通过计算得出结果(计算式②)。

最后,利用计算式③求出与现有吐司模相对应的面团的量。之后,利用配方中记录的面包材料配比(请参阅 Q71),计算出各种原料的重量(计算式④)。

●计算式

①原有吐司模的容积=长(cm)×宽(cm)×高(cm)

②模面团容积比=配方中的吐司模容积(cm^3)÷配方中的面团重量(g)

③所求面团重量(g)=配方中的吐司模容积(cm^3)÷模面团容积比

④各原料的重量(g)=所求面团重量(g)÷A×B

A:配方中各原料在面包材料配比中的合计值

B:配方中各原料的面包材料配比

例:山形吐司(P38)

制作情况:吐司模的容积为$1700cm^3$、面团量(各原料的合计重量)为490g、各原料的面包材料配比的合计值196、现有吐司模(容积$2000cm^3$)

②下一步

模面团容积比 = 1700÷490 = 3.5

③下一步

所求面团重量 = 2000÷3.5 = 571(g)

④下一步

高筋粉重量 = 571÷196×100 = 291(g)

砂糖的重量 = 571÷196×5 = 15(g)

盐、脱脂乳的重量 = 571÷196×2 = 6(g)

黄油、起酥油的重量 = 571÷196×4 = 12(g)

即发干酵母的重量 = 571÷196×1 = 3(g)

清水的重量 = 571÷196×78 = 227(g)

Q160 为什么在制作吐司时要进行强度排气?

A 使面团产生较强的弹力，烘焙时饱满膨胀。

若进行强度排气，面团内瓤的质地就会变得十分细密，烘焙出的面包也会饱满膨胀（请参阅 Q114）。因此，为了做出这种理想吐司，必须对其面团进行强度排气。通过排气给予面团刺激，使其面筋蛋白的弹力得以强化。因面筋蛋白膜具有保持气体不散出的作用，所以面团会变得更加膨胀。

Q161 为什么方形吐司的最后醒发时间比山形吐司的短?

A 因为方形吐司是加上盖子进行烘焙的。

方形吐司是加了盖子烤制出来的。加了盖子的话，就可以在面团向上膨胀的时候有效地控制其继续膨胀。这样做出的吐司顶部因受到盖子的抑制呈现方平状态。虽然山形吐司与方形吐司的制作近乎相同，但由于在烤制山形吐司时没加盖子，面团上方不受限制，可自由膨胀，所以烤制出的形状像山形。

本书中介绍了方形吐司（如黑芝麻吐司）和山形吐司的制作方法。把原料、重量都相同的面团放入同样容积为 1L 的吐司模内进行烘焙。基础醒发及中间醒发的温度、时间等基本相同，只有在最后醒发方面，方形吐司所用时间较短。假设山形吐司放入同样重量的面团，进行同样的醒发与烘焙，那么面团就会不断向上拱起，直至顶部面膨出吐司模的高度。因此烤制完成的面包侧面会很容易向内侧凹陷下去（请参阅 Q165）。

如果是那样的话，大家可能会认为减少面团的量让其充分醒发也是可行的。但是，那样的话面团就不会膨胀到能接触盖子的高度，从而使得烤制的面包顶部接触到盖子的部分变得不平整。

为了能使烤制出的方形吐司顶部光滑平整，我们要缩短最后醒发的时间。

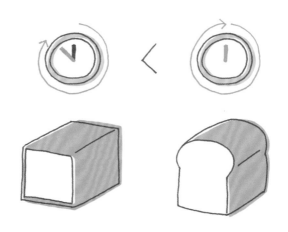

Q162 方形吐司烤制出来棱角不分明。这是什么原因造成的？

A 因面团量少、膨胀度不强，从而使得面团未到达吐司模的方角位置。

一般认为：方形吐司的角之所以不能烤制得美观，是因为与吐司模大小相比，面团的量不够的缘故。即使面团膨胀了，由于量少也膨胀不到吐司模的方角处。

此外，若在面团量与吐司模大小比例合适的情况下，仍不能完美地烘焙出吐司的方角的话，则可能是由于和面力度不足、成形时面团弹力不足或醒发时间不够等因素造成面团的膨胀度不够的缘故。

相反，面团的角和顶部紧绷，其原因可能为醒发力度过大或面团用量相对较多。

● 制作方形吐司的失败例子

吐司的角为圆角

吐司的角过于突出

Q163 山形吐司的两凸起高度不统一，下次制作时应注意什么？

A 使两块面团在成形时的面质强度尽可能相同。

本书介绍的山形吐司是通过把分割好的两个面团分别搓成形后放在模具内烤制成的。即使面团分割的重量相同，但若成形时的强度不同的话，面团在膨胀程度上也会表现出差异。所以我们要在对面团拉伸排气时，尽量弄成厚度相同的长方形，卷成形时也尽量使面团的压紧度相同。这样才能使山形吐司的两凸起接近相同。

Q164 面包的顶部烤煳了，怎么办？

A 中途在面包上放上烘焙纸或锡纸。

在面包表面看起来快要烤焦时或在面包表皮颜色开始加深时，在其表面覆盖一张烘焙纸或锡纸并进行调整。烤箱有很多种，对于那些箱内空间较小的烤箱来说，使用其烘焙像方形吐司这种具有一定高度的面包时，由于面包表面离热源过近，很容易使面包表面烤煳。

Q165 为什么吐司烘焙完成后要立刻将其取出并放在面板上？

A 为了防止吐司的侧面向里面凹陷。

因为烤箱内产生的热量是由面包的外侧开始向内逐渐深入的，虽然烘焙完成后的面包外皮十分脆薄，但是，越靠近面包的瓤心，残留的水蒸气就越多，因此面包处于松软的状态。而且糊化的淀粉（请参阅Q137）等很松软，组织也容易受损。因为面包受重力影响，所以因自身重量的缘故面包的中心部有可能向下塌陷。面包的表皮结实地支撑起了整块面包，但是，当烘焙结束时，结实的面包皮会形成能够释放残留在面包内的水蒸气的通道，因此，随着时间的推移，面包皮不断吸收着水蒸气，从而变得松软起来。由此一来，面团表皮渐渐失去支持整块面包的特性，最后，面包的中心部凹陷，侧面的部分向面包内侧弯曲凹陷。这种现象被称作"面包塌腰现象"。

特别是对于使用较深的模具烤制出的大型吐司来说，其侧面和底面受模具影响压得很紧，内部构造难于使水蒸气排出。因此，这种吐司内部含有大量的水蒸气。

为了防止吐司发生塌腰现象，烘焙后立即连同模具一起在面板上拍打，使吐司能够快速地从模具中倒出。通过这种拍打法，还可以把吐司内部的一些水蒸气尽早地排出来。

侧面凹陷发生塌腰现象的面包

Q166 通过用吐司模磕碰面板的方法取出烘焙好的吐司，但吐司侧面凹陷进去了。这是什么原因造成的？

A 最后醒发中的醒发力度不足或烘焙时的火候不够。

对于使用高度较深的模具烤制出来的吐司而言，即使通过用吐司模磕碰面板的方法取出烘焙好的吐司，也有可能造成吐司发生塌腰（请参阅Q165）现象。由于吐司自身的特性，想要完全杜绝这种情况的发生是很困难的。

然而，在最后醒发中面团过于膨胀或烘焙火候不够时，上述现象会更加显著。

在最后醒发中，当面团醒发过度时，面筋蛋白膜为了保留住面包内的二氧化碳气体会不断扩大伸展，直到最后达到极限为止，从而失去了良好的延展性和弹性。正是因为发挥吐司支撑作用的面筋蛋白的性能减弱，才导致不能支撑吐司自身的重量，从而中心部开始陷落、吐司侧面向内陷入。

另外，烘焙欠火候时，吐司内会残留大量水分，使得吐司变得很瘫软。因此，同样容易发生上述情况。

Q167 吐司瓤内形成大气泡。这是什么原因造成的？

A 成形时，排气处理不充分。

面包成形时，一开始就要用擀面杖用力擀压面团，使面团内的气体充分排出。吐司与其他面包相比，烘焙后易扩大体积。因此，当面团内存留大气泡时，大气泡会在烘焙过程中受热膨胀，那么烘焙出的吐司内瓤中就会形成大气泡。

即使充分地进行过排气，但有时也会在受热最强的面包顶部产生气泡，如果气泡产生量不是很多，就不会对面包产生太大影响。

法式面包之 "为什么"

Q168　选择法式面包用粉的技巧是什么？

A　应选择蛋白质含量在 11%~12.5% 的法式面包用粉。

法式面包烘焙完成的最佳状态为：外皮酥脆、内瓤松软，且面团内部形成气泡。

通过控制面团的延展性可以达到上述良好状态。而且法式面包基本上只用基础原料（面粉、水、酵母、盐）就可以制成。制成的面包仍保留着质朴的风味，并且，正是因为面包熟成所带来的复杂香味与风味，才将面包的这种质朴感衬托得淋漓尽致。

因此，可以通过长时间的醒发使熟成顺利地进行下去。

像这样通过延长醒发时间、抑制面团的延展性来控制面筋蛋白的产生量是十分有必要的。因此，应选用含少量蛋白质的面粉来制作。

顾名思义，法式面包用粉（请参阅 Q7）就是专门用来制作法式面包的。其含有 11%~12.5% 的蛋白质，与适合制作吐司及软系列面包的高筋粉相比，蛋白质含量偏低。但是，它却含有大量的矿物质元素，占 0.4%~0.55%。这正是面团产生香醇味道的原因所在。

在没有法式面包用粉的情况下，我们可以在市售的高筋粉内掺入一定量的低筋粉来替代法式面包用粉。虽说两者产生的效果差不多，但多少还是会有差异的。我们可以通过反复试验，调整高筋粉与低筋粉的比例，使烘焙出的法式面包达到最佳状态。

Q169　在法式面包的和面过程中，为什么不能拍打面团？

A　为了抑制面团的延展性。

手工和面的顺序基本上是按照 Q88 所表示的那样进行的。但是，因所制面包的种类不同，对面团的拍打力与拉伸力也会不同（请参阅 Q168）。与高筋粉相比，使用蛋白质含量较少的法式面包用粉时，最为关键的一点就是和面时不要用力拍打面团。这是因为力度较弱地和面可在一定程度上抑制面团延展性的产生。

假如我们对法式面包用粉制成的面团进行多次拍打，那么面团就会产生延展性。因此，烘焙出的面包就会变得外皮酥脆、内瓤致密，食用时的口感就会如同吐司一样，那么，其作为法式面包存在的意义是否还存在呢？

Q170　什么是二次和面？

A　二次和面，即在和面中途让面团稍事静置，之后继续进行和面的工序。

二次和面是一种制作法式面包面团的方法。首先，加入面粉、水、麦芽精混合搅拌几分钟，放置 20~30min。接着，再加入酵母、盐等进行二次混合搅拌。

在和面后让面团稍事静置，可缓解面团的绷紧度，使其变成延展性较好的面团。之后，再次和面又可以使面团产生黏性。这就是面团中已形成弹力与黏性并存的面筋蛋白的证据所在。像这样对面团进行二次和面，既可以使面团产生一定的延展性，又可以使揉好的面团达到较好的状态。

刚开始和面的时候，必须提前放入麦芽精。在麦芽精中还有一种叫淀粉酶的物质，它可以在面团静置期间，促进面粉中的淀粉分解成麦芽糖。这样，当酵母随后加进去的时候，就可以立即使用麦芽糖进行酒精发酵了（请参阅 Q48）。

此外，应该记住盐不要在和面一开始就加入，而是要在进行完二次和面且面团得到静置后再加入。因为盐具有促进面筋蛋白形成的作用，为了防止法式面包中的面筋蛋白过剩，所以要在后面加入盐。

Q171 在二次和面之前，为什么要把即发干酵母撒在面团表面？

A 为了使即发干酵母得以充分溶解。

原本是应该在进行了二次和面且面团静置过一段时间后再加入盐的。但是，在本书中，是先将面粉、清水、麦芽精混合在一起，然后再加入盐，让面团静置的。

在本书介绍的法式面包面团的和面方法中，因和面时间较短，所以在此期间有可能有即发干酵母溶解不充分的情况发生。因此，要事先把即发干酵母撒在面团上，让它吸收面团内的水分，以便能够充分溶解。

Q172 为什么法式面包的醒发时间比较长？

A 想要更多地获得在醒发中积累下来的、能够为面包增添香味与风味的物质。

在众多面包中，唯独法式面包是使用面粉、清水、即发干酵母、盐等极为简单朴素的原料制成的、能够最大限度地体现出面粉独特风味的面包。其制作方法的特点为：酵母用量少、醒发时间长。

酵母进行酒精发酵，产生了二氧化碳气体以及酒精。生成的二氧化碳气体使面包面团得以膨胀，生成的酒精赋予面包以浓香与风味。

此外，混入空气及面粉中的乳酸菌、醋酸菌会分别进行乳酸发酵和醋酸发酵，生成的产物分别是乳酸、醋酸。这些产物能够赋予面包浓厚的味道，形成面包的浓香与风味。

通过让面包面团进行长时间醒发，可以使其积累较多的酒精及有机酸。这样既能够充分展现浓浓的面香，又可以形成味道浓厚的面包。

Q173　不能较好地将面团搓成棒状，怎么办？

A 采用由中间向两边不断前后搓滚面团的方法将面团搓成棒状。

将面团搓细是有秘诀的。我们可以把两手覆盖在面团上，利用手掌根与指尖接触面板，大幅度地前后滚动面团。在把面团向前滚动的时候，需用手轻轻按压着向前推滚；在把面团向后滚动的时候，只是单纯地滚动就可以了。最初，单手按着面团中央进行搓滚。待中央部分变细后，换成两只手。一边搓滚一边慢慢移到面团两端，并尽量使面团的粗细均匀。

搓滚面团时，尽量减少搓滚次数。如果搓滚次数过多，面团上就会出现褶皱并形成大气泡，从而使整个面团表面变得凹凸不平。

● 与面板接触的地方只有手掌根以及指尖的部分

● 搓滚面团时，手与面团接触的部分

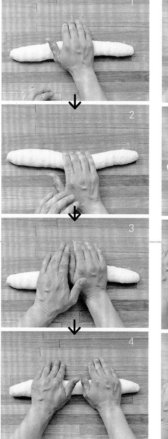

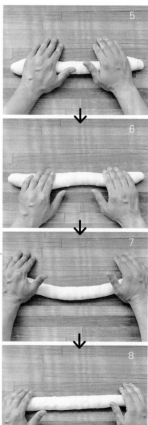

Q174　为什么要在面团上压入切痕？

A 使烘焙出的面包形状更加漂亮。

像法式面包这样的清淡型硬系列面包与烘焙后会膨胀的软系列面包相比，面团的延展性较差。所以要通过在其表面压入切痕的办法来帮助它提高延展性。

此外，提前在面团上压入均匀的切痕，可使面团在烘焙的过程中，内部空气遇热膨胀，从而面团也不断膨胀。在这个过程中，气压从切口处释放出来，这样就能烤出形状漂亮的面包了。

Q175 最好在面团上压入几道切痕？

A 若为棒状法式面包的话，应根据其重量与长度来决定。

在法国，棒状的法式面包都是根据其重量和长度的不同来命名的（请参阅Q181）。并且，每种棒状面包上都有其固定的切口数量。而我们在生活中

制作这款面包时，没有必要一定要严格地遵守法式制作方法，也可以根据个人喜好决定切口的数量。

考虑到家庭制作的简易性，本书只介绍了面团重量为220g、棒长为25cm、具有3条压痕的面包

从右向左依次为：粗棍面包、正宗巴黎面包、长棍面包、短棍面包、长条面包

● 法式面包的种类与切口数量

名称	标准面团重量	标准长度	切口数量
粗棍面包 deux livres	1000g	55cm	3 条
正宗巴黎面包 parisien	650g	68cm	5 条
长棍面包 baguette	350g	68cm	7 条
短棍面包 bâtard	350g	40cm	3 条
长条面包 ficelle	150g	40cm	5 条

Q176 在面团上压入切痕时的秘诀是什么？

A 把压切刀横放，一口气快速地压入切痕。

轻拿压切刀，把刀子的尖端稍微横着放正对准面团，一直往里面移动，然后一口气划上切口。注意不要只削掉一层面皮，也不要划得太深。

法式面包的切口数量要与面包的长度相称。每条切口都要倾斜着从面包一边划至另一边，且长度一致、均匀地排列在面包上。划第二条切痕时，要使前一条切痕后半段的1/3与第二条切痕前半段的1/3重合在一起，平行地划上切痕。

● 压切刀的拿法

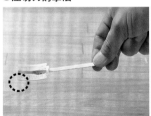

在本书中，细长金属板和剃须刀刀片是组合在一起使用的。如图所示，用拇指、食指及中指拿住刀柄的一端，用图中虚线圈出的部分压切

●切口的压切方法

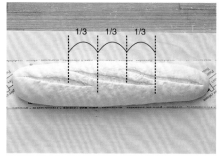

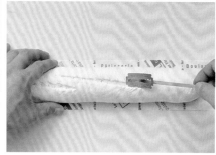

第二条压痕重叠于前一条压痕的 1/3。所有的压痕都要尽量平行排列

把压切刀放平对着面团，中途不要停下，一口气划下去

Q177　不能顺利地压入切痕，怎么办?

A　调整面团的状态、切入的深度以及喷洒水雾的量。

为了使烘焙出的面包拥有漂亮的切痕，必须做到以下几点：

①使面团在烤箱中保持易拉伸、饱满膨胀的状态。

a. 让面团具有适当的延展性。虽说与其他种类的面包相比，棒状面包和面所需时间较短，但是，如果和面力度过小的话，会导致面团中面筋蛋白的产生量不足，从而使得面团难于膨胀起来。

b. 成形时，为了使面团表面膨胀，必须使面团保持内部二氧化碳气体难于逸出的状态。

c. 恰当地进行最后醒发。在烘焙阶段，在面团内部温度达到 60℃之前，酵母会持续进行酒精发酵并产生二氧化碳气体。因此，要将最后醒发这道工序在面团膨胀度达到顶峰之前结束。在烘焙工作结束之前，要保留酵母的发酵能力并保持能够阻止气体产生的面团的弹力（请参阅 Q111）。

②调整面团的表面状态，使其达到刀子能一口气切入的适当状态。

a. 面团的表面尽量不要过干或过湿。

b. 通过适当地进行面包的成形以及最后醒发，让面团的表面保持适当的张力。

③正确地压入切痕。

压入的切痕过深或过浅的话，开口就会很难膨胀开，划切口时要尽量给人一种削下一层面皮的印象。

④烘焙前要在面团上喷洒适量的水分。

水分的量过多或过少，都会使切口难以膨胀开。

成功的例子（右）
失败的例子（左）：切口绽开的程度较小

Q178　在面团上压入切痕时，有哪些需要注意的地方？

A　切痕的角度、深度以及重合部分的距离。

下面为大家介绍一下压入切痕的成功与失败的例子。

●压入切痕的不同导致烘焙面包的不同

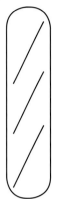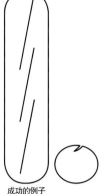

两条切痕重合的部分过多

压切时，两条切痕间的平行距离过窄

压切刀压切时的角度过于倾斜

切痕的位置相对于面团处于垂直位置

成功的例子
两条切痕间的重合距离为1/3切痕长
切痕的位置相对于面团处于倾斜位置

Q179　切口处未裂开，面包底反倒裂开了。这是怎么回事？

A　其原因可能为面团过多，延展性不好。

烘焙结束后，面包上压入切痕的地方未裂开，面包底部反倒裂开了。造成这种现象的可能原因如下：

· 面团的含水量少，质地较硬。
· 和面力度过大，揉好后的面团弹力过强。
· 成形时，没有紧紧捏住面团上的接合处。
· 面团表面过于干燥。
· 向烤盘中摆放面团时，没有使面团上的接合处朝下放置。

· 最后醒发不足，醒发后的面团弹力仍然很强。
· 向面团上喷洒的水雾量少。
在下次制作面包时，应特别注意以上几点。

Q180 同一根法式面包上，既有切痕裂开的地方，又有切痕未裂开的地方。这是为什么？

A 压入切痕的方法、成形的方法以及切口张开的大小都会对其造成影响。

在烘焙好的法式面包上，既有切痕裂开的地方，又有未裂开的地方。造成这种现象的原因，首先是压入切痕的深度等因素。其次，在将面团搓成棒状的成形阶段中，用力不均匀、面团的粗细程度不同等都会影响面团的膨胀倾向，从而对切痕的张开情况造成影响。

Q181 法式面包分几种？

A 根据面团的形状、重量、长度等划分为很多种。

● 用法式面包面团制成的各种各样的面包

形状	名称	名称含义	标准面团重量	标准长度
棒状	粗棍面包 deux livres	一千克	1000g	55cm
	正宗巴黎面包 parisien	巴黎之子	650g	68cm
	麦穗面包 épi	麦穗	350g	68cm
	长棍面包 baguette	细棒、拐杖	350g	68cm
	短棍面包 bâtard	介于棒与绳子之间	350g	40cm
	长条面包 ficelle	绳子	150g	40cm
大圆形	圆形面包 boule	球	350g （也有小型的）	
小圆形	轿车式面包 coupé	破裂	50g （稍微大一点的）	
	裂口面包 fendu	割口	50g	
	烟盒式面包 tabatière	烟盒	50g	
	蘑菇头面包 champignon	蘑菇	50g	

由右至左依次为：粗棍面包、正宗巴黎面包、麦穗面包、长棍面包、短棍面包、长条面包

圆形面包

从右上方开始顺时针方向依次为：轿车式面包、裂口面包、烟盒式面包、蘑菇头面包

Q182 提前冷却黄油的理由。

A 醒发时间过长，可能会导致面团温度升高，从而造成黄油容易熔化。

法味朵风面团中黄油的使用方法：既可以先将黄油切成边长 1cm 的正方形小块后再冷却，也可以直接用擀面杖擀压冷却固体状态的黄油，一边维持黄油处于低温，一边软化黄油。

本书中所用到的法味朵风面团，是在面粉中加入相当于面粉量 50% 的黄油制成的醇香型面团。刚

开始和面的时候，面团内因加入除黄油以外的原料质地十分柔软。随着在面板上不断被拍打、揉捏，面筋蛋白开始形成，面团弹力也开始出现。与其他面包相比，这一过程需要花费很长时间。

而且，要在大量柔软的面筋蛋白形成之后才可以加入黄油（请参阅 Q90 的详细说明）。因黄油的

量很多，需要分三次加入，所以从加入黄油到和面结束，需要花费大量的时间。但是，由于和面时间较长，面团温度容易上升，所以就会产生黄油渗出的可能。一旦黄油变成液体，就不易混入面团内了（请参阅 Q43）。

综上所述，要将黄油提前冷却，并注意在和面过程中不要使面团的温度升高。

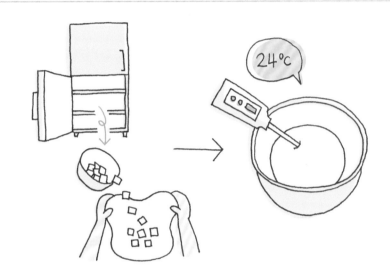

Q183 法味朵风的面团揉捏完成时温度会上升。怎样控制这种情况的发生？

A 除冷却黄油外，还需冷却其他原料。

法味朵风与其他面包相比，和面所需时间较长。因此，和好后的面团温度就容易上升。为了防止这种现象的发生，我们最好将所有的原料（包括黄油在内）都进行冷却处理。

如果上述方法仍不见效果，则需在和面过程中，在面团上加盖一层含有冰水的保鲜袋来冷却面团。

Q184 为什么要对法味朵风的面团进行冷藏醒发？

A 黄油太多，面团易变软。因此，要冷却使其变硬。

法味朵风因加有大量的鸡蛋、砂糖以及黄油，故属于醇香型面包。加入黄油前，因面团内已经含有大量的鸡蛋和砂糖，故质地柔软发黏。加入黄油后，面团就会变得过于瘫软，从而导致难于处理。

而后，若温度再升高，整个面团就会稀软得不成样子，之后的工序也因此难于进行了。因此，对法味朵风的面团进行冷藏醒发，其中的一个目的在于冷却面团使其变硬。

本书介绍，应让面团在28℃的温度下醒发30min后，再转移至5℃的环境中冷藏醒发12h。但是，当温度低于4℃时，酵母就会进入休眠状态。所以要十分注意这一点。相反，当冰箱内的温度过高时，醒发就会提前进行，所以要注意调整时间。

18~20℃。这样就能使法味朵风面团的延展性得到提高，从而使接下来的成形工序变得容易操作。

此时，要尽量在压平面团后再进行中间醒发。其目的是使整块面团受热均匀，表面与中心部分不产生温度差。

Q185　为什么要在中间醒发前压平法味朵风的面团？

A 因为只有使面团厚度均匀，才能保证烘焙时面团受热均匀。

大部分面包的制作都是按照基础醒发、分割、搓圆、中间醒发的顺序进行的。面团被搓圆后产生了弹力，因此，我们可以让面团进行中间醒发（使面团静置一段时间）来缓解这种弹力，这样做有利于成形工序的进行。

但是，如果面团为法味朵风面团的话，因其含大量黄油，冷藏醒发后面团会变硬凝结，从而失去了弹性。

因此，法味朵风面团的处理方法与中间醒发的目的同其他面团是不一样的。在中间醒发过程中，可将醒发温度缓慢地提升至

Q186　法味朵风头部与面体的分界线不明显，这是什么原因造成的？

A 成形时，不能完美地做出面团上的细部。

法味朵风的形状像一块大面团（面体）上顶着一块小丸子（头部）一样。在烘焙时，有可能会出现头部与面体的分界线不明显的情况。其可能原因为：成形方法不佳或面团状态不好。

在成形操作中，不要将细部搓捏得过细，以防法味朵风的头部与面体发生分离。也不要将细部搓捏得过粗过短，这样烘焙出的面包头部与面体之间的分界线就会不明显。

此外，若最后醒发的温度过高，黄油就会从面团内渗出；和面时力度过小，面团就不易膨胀起来。这些与面团状态有关的因素，都可能成为法味朵风头部与面体的分界线不明显的原因。

成功的例子

头部与面体的
分界线不明显

Q187　为什么烘焙好的法味朵风头部发生了倾斜？

A 因为将头部面团压入面体的操作方法不正确。

成形时，在搓圆的面团上做出细部，细部将面团分为头部与面体两部分。将面体部分放入面包模内以后，按压头部至面体中心位置。如果面团头部压入面体的位置较中心发生偏离，则烘焙出的面包头部就会发生倾斜。

此外，压入的面团头部的
深度应为指尖触碰面包模底部
的距离。这也是烘焙成功的关
键。如果压入的深度不足，在
最后醒发过程中面团发生膨胀
时，就会将头部顶出来。结果，
烘焙出的面包头部依旧会发生
倾斜。

● 压入头部时的关键点

用三四根手指拿住头部面
团，然后将头部下压至指
头能够触碰到面包模底部
的位置

面包头部发生倾斜

用手将头部面团揪出，可
以看到：头部一直凹陷至
面包模底部

法式羊角面包之"为什么"

Q188 **为什么法式羊角面包具有层次感?**

A 法式羊角面包的面团内包入了黄油，并且在擀压的过程中，反复进行了"三折"这项操作。

在法式羊角面包面团中，折入用薄层黄油与面团相互折叠成若干层。基本操作为：用面团包裹黄油片，按下列操作进行三次"三折"操作，从而可使面团产生层次感。

①第一次"三折"

首先，将黄油擀压成正方形薄片，然后用比黄油大一圈的面皮对黄油片进行包裹。这样就形成了由面层、黄油层、面层组成的分层面团。以面层、黄油层、面层为一组，将分层面团再折两次，因折叠时相互接触的两面层紧紧地粘在一起形成一层，所以最后折好的面团实际上有7层。

②第二次"三折"

以做好的7层面团为一组，继续进行三次"三折"，折后的面团层数就可以达到19层了。

③第三次"三折"

继续将做好的19层面团进行三次"三折"，折后的面团层数为55层。将这个55层面团放入烤箱烘焙，因黄油受热熔化，所以黄油层消失，只剩下28层面包层，因此烤制出了28层面包。

因为最后还要将制得的面团进行擀压，并且压平后还要卷起成形，所以从理论上讲，面团的层数会进一步增加。可是在实际操作中，制得的面包层数都会比理论值少。其原因为：随着折叠次数的增多，黄油层变薄断裂，逐渐融入面层中，这样一来，面层之间因黄油的作用变得容易黏结。因此，实际操作得到的面包层数少于理论值。

● "三折"的次数与面包的层数

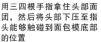 3层

第一次"三折" 7层

第二次"三折" 19层

第三次"三折" 19层 19层 19层 55层

Q189 制作法式羊角面包的面团时，有哪些需要注意的地方？

A 注意面团不要过软。

为了使烘焙出的法式羊角面包具有较好的层次感，我们要尽量将黄油保持在软固体状态下进行操作。

因此，要尽量将室温设为低温。折入用黄油的准备、用面团包裹黄油的处理以及成形等一系列操作，都应趁着面团温度未上升之前尽快完成。并且，一旦感觉到黄油变软、面团发黏，要立即放入冰箱内进行冷却处理。

Q190 为什么要先放黄油再和面？

A 减弱面团弹力，便于擀压操作。

在反复折叠的操作中，会形成大量面筋蛋白。一旦这种物质增多，就会使擀压工作变得难于进行，烘焙出的面包口感发硬。所以有必要将面筋蛋白的量控制在最小限度内。

那么，我们可以先将面粉与黄油进行混合，使面粉颗粒表面形成一层黄油膜，这样就可以抑制面粉颗粒吸收水分，从而达到间接控制面筋蛋白形成的目的。此外，还可以在和面时略去对面团的拍打操作。

Q191 为什么要在冰箱内进行法式羊角面包面团的醒发？

A 防止折入用黄油变软。

本书制作法式羊角面包时，通常是先将面团在26℃的温度下醒发20min，之后再放入5℃的冰箱内再次醒发12h。待冷藏醒发结束后，面团的温度可大约降低至5℃。因低温发酵会抑制酵母的活动，所以这样的醒发是十分费时间的。

既然费时间，为什么还要进行这样的操作呢？这是因为如果不对面团进行冷却，在之后的折入工序中，随着面团温度上升，黄油就会变得稀软，从而使得烘焙出的面团失去层次感。在折入工序中，由于手的温度及室温也会向面团传递一部分热量，所以在冰箱内进行醒发时要注意使温度降低的程度稍大些。这样就可以做到防止黄油变软了。

Q192 擀薄折入用黄油时，薄片黄油不能形成正方形。该怎么办？

A 拍打黄油直到其软化到类似黏土的程度，之后再擀薄黄油。

黄油处于冷却固体状态时，是很难用擀面杖擀薄的。因此，可在擀压开始前，先用擀面杖拍打黄油至适于拉薄的硬度后，再进行擀压。黄油虽然一拍打表面就变软，但此时黄油的内部还处于冰冷状态。为了做到整块黄油硬度均匀，可以一边折叠黄油一边对其进行擀压。待黄油硬度适宜、能够擀薄时，可有意识地朝正方形的方向擀压黄油，形成漂亮的形状。

用擀面杖擀压黄油的过程中，黄油之所以可以变成可自由伸长的类似于黏土一样的状态，是因为其自身的可塑性。

只要黄油处于理想温度带（13~18℃），就可以发挥其自身的可塑性。但是，由于进行折入操作时，黄油经常是随着面团一起被擀压的，所以即使降低到10℃，也能够轻松地完成擀压工作。

Q193 黄油过硬，难于进行拍打。可以用微波炉将其稍微加热一下吗?

A 如果黄油太硬，没办法的话只能用微波炉进行软化。但加热后，尽量将黄油重新放入低温下进行储存。

如果将黄油保存在过冷的冰箱内的话，黄油有可能会出现用擀面杖擀压困难的过硬情况。

为了使黄油恢复到合适的硬度，最好的办法就是将其移到冰箱内温度不是很低的地方，再对其进行升温处理。

虽然想要立即进行黄油擀压的操作，但如果黄油不是过硬，不建议使用微波炉加热软化，将其置于室温下进行软化即可。但是，若黄油真的是硬度过大，使用微波炉加热也是一件不得已的事情。

只是，如果用微波炉加热的话，黄油很容易在眨眼间熔化成液体。因此，尽量使加热时间停留在瞬间。黄油一旦再熔化变软的话，就会失去自身的可塑性，也就不能再被擀压变薄了。

Q194 法式羊角面包的层次感不清楚。这是为什么?

A 黄油温度过高或过低。一经擀压，面层就会破裂。

为了使烘焙出的法式羊角面包层次感分明，重要的一点是必须使面团和黄油的厚度均匀后再进行折叠。

此外，保持黄油软硬合适也是必要的。首先，要将黄油的硬度调整为与面包一起易于擀压的状态（10℃左右），并且要迅速进行擀压操作，以维持黄油的最佳状态。

如果黄油太硬的话，那么在擀薄面团时，折入的黄油就不能较好地延展而发生断层现象。相反，如果黄油太软的话，就会从面团内经接合处流出并与面团发生融合，从而不能与面团实现分层。

面团不能分层，可能是因黄油过软而导致的。或者问题不在于黄油，而在于面团本身。如果面团醒发过度，也是不能分层的。

成功的例子（右）
失败的例子（左）：未分层

Q195 **在擀薄法式羊角面包面团的过程中，面团变软了。此时应该怎么做？**

A 立刻放入冰箱内进行冷却。

　　法式羊角面包面团在折入与成形的操作中会变软，其原因在于面团内黄油变软。而黄油一旦熔化，就会失去可塑性。所以应先在冰箱内冷却一段时间后，待黄油温度降低，再进行操作。

Q196 **为什么在最后醒发阶段，黄油会从面团内渗出？**

A 由于最后醒发温度过高。

　　将折入黄油的法式羊角面包面团放入比其他面包醒发温度低的 28~30℃ 的环境中进行最后醒发。在这种温度下醒发，可防止黄油渗出。一旦温度高于此设定温度，那么黄油会渗出，从而淌到烤盘上。如果真的出现上述情况，那么烘焙好的面包上就会附着一股油脂味且面包形状不完美。

若最后醒发的温度过高，黄油就会渗出

成功的例子（右）
由渗出黄油的面团烘焙出的面包（左）

Q197 **折叠面团的次数不同，对烘焙出的法式羊角面包有怎样的影响？**

A 折叠次数过少，面层粗糙；折叠次数过多，层次感不清楚。

　　在法式羊角面包中，黄油量占面粉量的 50%。这款面包是通过面团与黄油交互折叠、折入形成的。分层失败的法式羊角面包，其黄油层在烘焙阶段发生破裂，就像把黄油炸出来的一样，食用起来就如同吃馅饼的感觉。

　　面团的折叠次数不同，产生的层数与厚度也不同，所以烘焙出的面包口感自然也就不同了。三次"三折"的面团烘焙后层数变为 28（请参阅 Q188）。因法式羊角面包是卷起成形的，所以从理论上讲，面团的层数会进一步增加。可是在实际操作中，因面层过薄容易黏结在一起，所以制得的面包层数一般都会比理论值少。

　　在本书的法式羊角面包制作中，我们通过进行三次"三折"，既可以使法式羊角面包具有水果派的那种酥脆感，又可以使其具有面包的松软性。

　　用相同的面团进行两次"三折"的话，烘焙出的面包就变成了 10 层结构。这种 10 层面包与 28 层面包相比，很容易看出 10 层的面包层较厚，所以，食用起来会让人觉得干硬粗糙。

如果增加折叠次数、进行四次"三折"的话，那么从理论上来讲，烘焙好的面包层数高达 82 层。但是，在不断折叠的过程中，面层和黄油层变得过于稀薄，导致两者互融在一起。因此，烘焙出的面包不具有清晰的层次感且食用起来如同在吃馅饼一样。

基本的做法就是进行三次"三折"，但也可根据个人爱好进行选择。

●根据"三折"次数不同烘焙出的面包对比图

四次"三折"　　　　三次"三折"　　　　两次"三折"

Q198　如何较好地利用剩余的法式羊角面包的面团？

A　切下多余的面团，与成形用面团一起进行卷压。

如图所示，在法式羊角面包成形的过程中，将擀压为长方形的面团切成若干等腰三角形面团。这样一来，切割后两端的面团一定会有剩余。原封不动地对剩余的面团进行最后醒发及烘焙，这种做法是可行的。但也可将剩余的面团切成细条，一起卷入成形用面团内。只不过，每块法式羊角面包的面团重量因此增加，烤制的时间也需稍稍延长。若面团的大小稍有偏差，烤制出的面包大小就会参差不齐。所以，请务必对剩余的面团进行等分处理。

●法式羊角面包面团的切分方法

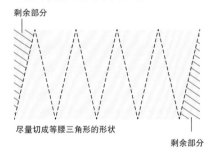

剩余部分

尽量切成等腰三角形的形状

剩余部分

●剩余面团的运用实例

将剩余面团切成细条，与成形用面团一起进行卷压

Q199　烤制完成的法式羊角面包表面发生断裂，这是什么原因造成的？

A　成形时，面团卷压得过于紧凑是面包表面发生断裂的原因之一。

成形时，若将法式羊角面包的面团卷压得过于紧凑，则烤制时其表面易发生断裂。揉好的面团本身过硬、最后醒发程度不足，也有可能成为烘焙中面包表面发生断裂的原因。

面包表面断裂，内瓤由此显露出来

法式巧克力面包之 "为什么"

Q200 烘焙好的面包出现倾斜倒塌状况，这是什么原因造成的？

A 其原因为将面团放入烤盘后，未向下轻轻按压面团。

在法式巧克力面包的成形过程中，用面团包裹好巧克力后使接合处朝下，将面团放置在烤盘上。最关键的一点是接下来要对面团进行轻轻按压。若不对面团进行按压，在最后醒发过程中，接合处会过于膨胀，从而导致面团底部不平，烤制出的面包出现倾斜倒塌的状况。

接合处过于膨胀，面包发生倾斜倒塌

Q201 制作法式巧克力面包时，可以使用市场上出售的那种巧克力吗？

A 不可以，若使用市场上出售的普通巧克力的话，在烘焙过程中，巧克力会熔化渗出来。

在制作法式巧克力面包时，若使用市场上出售的普通巧克力，在烘焙面包时巧克力会受热熔化成液体，从面团中渗出流入到烤盘上，又因烤盘温度过高，会烤煳巧克力。巧克力在 50℃左右会全部熔化成液体。

烘焙专用巧克力是通过减脂工序制造出的不易外渗的特殊巧克力。这种巧克力可以在糕点、面包等专营店内买到。

糕点专用板状巧克力（右）
巧克力豆（左）

Pan Dukuri ni Komattara Yomu Hon

© Tsuji Culinary Research Co., Ltd. 2012

Originally published in Japan in 2012 by IKEDA PUBLISHING CO., LTD.

Chinese (Simplified Character only) translation rights arranged through

TOHAN CORPORATION, TOKYO.

著作权合同登记号：图字16—2014—024

图书在版编目（CIP）数据

永不失败的面包烘焙教科书 /（日）梶原庆春，（日）浅田和宏著；
许月萌译.—郑州：河南科学技术出版社， 2015.3（2022.1重印）

ISBN 978-7-5349-7627-8

Ⅰ.①永… Ⅱ.①梶… ②浅… ③许… Ⅲ.①面包–烘焙–教材
Ⅳ.①TS213.2

中国版本图书馆CIP数据核字（2015）第010655号

出版发行：河南科学技术出版社

地址：郑州市郑东新区祥盛街 27 号　　　　邮编：450016

电话：（0371）65737028　65788613

网址：www.hnstp.cn

策划编辑：刘　欣

责任编辑：葛鹏程

责任校对：徐小刚

封面设计：张　伟

责任印制：张艳芳

印　　刷：北京盛通印刷股份有限公司

经　　销：全国新华书店

开　　本：787mm×1092mm　1/16　　印张：13　字数：300千字

版　　次：2015年3月第1版　　　2022年1月第10次印刷

定　　价：59.00元